Another Architecture

MARK

国际最新建筑设计

中文版 No. **2**

华中科技大学出版社
http://www.hustp.com
中国·武汉

Another Architecture

MARK

国际最新建筑设计
中文版 No.2

英文版

主编（Editor in Chief）：
阿瑟·沃特曼（Arthur Wortmann）

编辑团队（Editorial）：
荷兰 MARK 编辑部
（MARK Editorial in the Netherlands）

中文版

出 版 人： 阮海洪

执行编辑： 张淑梅

英文翻译： 朱颖 / 周典富 / 余燚 / 任国亮

图书在版编目（CIP）数据

MARK国际最新建筑设计. No.2 / 荷兰MARK编辑部 编；
朱颖，等 译.
—武汉：华中科技大学出版社，2017.6
（MARK系列）
ISBN 978-7-5680-2849-3

Ⅰ.①M… Ⅱ.①荷… ②朱… Ⅲ.①建筑设计—作品集—世界—现代
Ⅳ.①TU206

中国版本图书馆CIP数据核字（2017）第108352号

湖北省版权局著作权合同登记 图字：17-2017-059号

MARK国际最新建筑设计. No.2	荷兰 MARK 编辑部 编

出版发行：华中科技大学出版社（中国·武汉）
地　　址：武汉市东湖新技术开发区华工科技园
电　　话：（027）81321913
邮　　编：430223

责任编辑：张淑梅
美术编辑：赵　娜
责任监印：秦　英

印　　刷：北京文昌阁彩色印刷有限责任公司
开　　本：965 mm × 1270 mm　1/16
印　　张：8.5
字　　数：122千字
版　　次：2017年6月第1版　第1次印刷
定　　价：98.00 元

订购热线：（027）81321911
编辑邮箱：zhangsm@hustp.com
本书若有印装质量问题，请向出版社营销中心调换
全国免费服务热线：400-6679-118 竭诚为您服务

Another Architecture

MARK

国际最新建筑设计
中文版 No.2

1

由 Beauty & the Bit 提供

3

2

1　善意纪念馆（Museum of Hospitality）
　　荷兰，阿莫斯福特（Amersfoort）
　　Matthijs la Roi
　　纪念馆面积 150 平方米，位于荷兰阿莫斯福特的
　　比利时遗址旁，用于纪念第一次世界大战时期在
　　荷兰被俘虏的比利时士兵所得到的善待
　　参赛作品第一名
　　预计 2019 年动工
　　matthijslaroi.com

2　北桥区之魂（The Soul of Nørrebro）
　　丹麦，哥本哈根
　　SLA
　　北桥区汉斯·塔夫森斯公园（Hans Tavsens Park）
　　及科斯歌德大街（Korsgade）的翻新和生态环境
　　改造
　　参赛作品第一名
　　预计 2022 年动工
　　sla.dk

4

3 特拉项目（Terra Project）
塞浦路斯，利马索尔（Limassol）
Orange Architects
由 Masharii & The Land 委托设计的住宅楼，
内有 10 套公寓，底部是一个双层楼高的商业区
非公开比赛参赛作品，第一名
orangearchitects.nl

4 水上住宅——锁楼（Sluishuis）
荷兰，阿姆斯特丹
BIG and Barcode Architects
46 000 平方米的混合功能建筑，内有 380 套零
能耗住宅，兼有商业和公共空间，以及一个可
容纳 30 艘船屋的码头
邀请赛参赛作品，第一名
预计 2020 年建成
big.dk
barcodearchitects.com

5 尼曼斯多普山庄（Villa Numansdorp）
荷兰，尼曼斯多普
Studio Prototype
结合荷兰水道（the Hollands Diep）景观的别墅
具体建成时间未定
studioprototype.nl

6 光州新世界（Shinsegae Gwangju）
韩国，光州
MVRDV
25 000 平方米的商业购物中心，其中有酒店、
停车场、零售店和美食区
设计提案
mvrdv.nl
tmrw.se

5

6

由 Tomorrow 提供

1   由 Tomorrow 提供

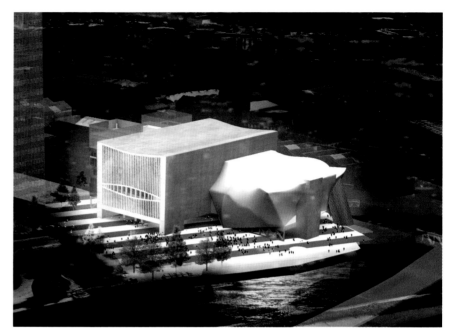

2

3

4

1   摩天大楼（Gateway Tower）
    美国，伊利诺伊州，芝加哥
    Gensler
    610 米高的混合功能摩天大楼，位于湖滨
    大道 400 号——未建成的芝加哥螺旋塔场
    地上
    设计提案
    gensler.com
    tmrw.se

2   "工厂"（Factory）
    英国，曼彻斯特
    OMA
    举办舞蹈、戏剧、音乐会、歌剧、视觉艺术、
    语言类表演和流行文化等活动的艺术中心
    预计 2017 年动工
    oma.eu

3   酒店
    美国，加州，洛杉矶
    R&A Architecture & Design
    19 层高，拥有 185 个房间，是兼有零售店、
    餐厅、画廊和宴会厅的酒店
    具体建成时间未定
    r-a-a-d.com

4   莫古住宅（Mugu House）
    美国，加州，莫古角
    Stéphane Malka Architecture
    一座建在悬崖上的住宅，混凝土结构，
    立面为美洲印第安部落图纹
    预计 2019 年建成
    stephanemalka.com

5   "城市画布"（Living Canvas）
    中国，深圳
    Coldefy & Associates and Ecadi
    宝安文化艺术中心，其中包括博物馆、
    美术馆、剧院、公共设施和商店
    参赛作品第一名
    caau.fr

由 Vize 提供

5

救主堂（Church of Our Saviour）

Jaja（丹麦建筑事务所）赢得了哥本哈根市中心南面原港口改造区希德哈维恩（Sydhavnen）的一座新教堂的国际设计竞赛。委托方是丹麦国家教堂 Folkekirken。竞赛由丹麦建筑师协会举办，共收到 114 件参赛作品。这座 2500 平方米的建筑包括一间咖啡厅、若干文化空间和办公室，以及一个集会厅。来访者通过一个螺旋状的公共缓坡到达建筑的顶部，让人想起哥本哈根救主堂 1752 年建成的尖顶。这是自 1989 年以来该地区新建的第一座教堂，预计于 2019 年完工。

1

2

1 Jaja
第一名
ja-ja.dk

2 Studio David Thulstrup
参赛作品
studiodavidthulstrup.com

3 Architects of Invention
参赛作品
architectsofinvention.com

3

1 斯坎木凌山坡游客中心
   （Skamlingsbanken Visitor Centre）
   丹麦，日德兰半岛（Sjølund）
   Cebra
   500 平方米的游客中心，包括展示厅、咖
   啡厅和教学设施
   参赛作品第一名
   预计 2017 年动工
   cebraarchitecture.dk

2 澳大利亚大使馆
   美国，华盛顿特区
   Bates Smart and KCCT
   拥有玻璃中庭和地面层开放公共空间的大
   使馆
   参赛作品第一名
   batessmart.com

3 "新水平"（Next Level）
   丹麦，奥尔胡斯（Aarhus）
   Schmidt Hammer Lassen
   ARoS 美术馆扩建，包括一个 1200 平方米
   的地下美术馆和一个半地下的穹顶。与美
   国艺术家詹姆斯·特雷尔（James Turrell）
   共同设计
   直接委托
   预计 2020 年建成

4 "运动"（The Sport）
   荷兰，阿莫斯福特（Amersfoort）
   KCAP
   拥有 40 间公寓和供 Profund 地产开发公
   司使用的办公空间
   具体建成时间未定
   kcap.eu

1

2

由 Beauty & the Bit 提供

3

10

4

6

由 Beauty & the Bit 和 Doug & Wolf 提供

5

5　上海市图书馆
中国，上海
拉森建筑事务所（Schmidt Hammer Lassen
Architects）和 SIADR
位于上海浦东区，11 000 平方米的图书馆，
其中包括一个能容纳 1200 个座位的表演
场地、会展活动空间和一个儿童图书馆
参赛作品第一名
预计 2020 年建成
shl.de

6　Y 住宅
中国，台湾台南
MVRDV and KAI Architects
330 平方米的别墅，带有屋顶泳池
建成时间未确定
mvrdr.com

（朱颖 译）

11

曼哈顿高端住宅：
感受个性

赫尔佐格和德梅隆为不愿重复他人的
少数派设计的建筑。

文 / 里德·米勒（Reed Miller）
图 / 韦德·齐默曼（Wade Zimmerman）
译 / 朱颖

56 Leonard 是赫尔佐格和德梅隆在曼哈顿花费时间最长的高端住宅项目。他们从 2006 年开始设计，并在 2008 年动工之前花费了一年时间来排除规范方面的障碍。但潜在买家受到经济危机的冲击，导致建造工程中断了 4 年，直到开发商重拾信心才得以继续。

56 Leonard 的故事和最近几年的经济状况是分不开的。当建筑师们描述这座建筑时，他们发现很难脱离天文数字的资金来谈建筑构想。他们形容自己的设计是对传统高楼及其中住着的"无名氏"的回应。"对于那些住户来说，"建筑师说，"这种相同和重复的感觉不会太愉快。"因此，他们的目标是给住户一种个性化的感受，让他觉得自己是住在独特的住宅中，而不是公寓。在 56 Leonard，悬臂和阳台随意分布在 57 个楼层上，正应了它的广告语"没有两层楼是相同的"。可以想象购买者在得知他们的楼层平面和楼下邻居的不同（甚至装修材料和附属装置也不相同）时所感到的开心和自豪。

设计成了完美的销售工具，几乎全部公寓在 2012 年完工的一年内销售一空。此外，建筑师在对该设计的解读中，将个性化和富裕阶层强行联系在一起。他们将住宅楼继续抬高，在孤立富裕阶层的同时，也将在传统建筑中偶有的富裕"无名氏"自此剥离。

herzogdemeuron.com

+33
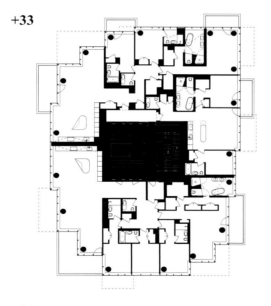

+48
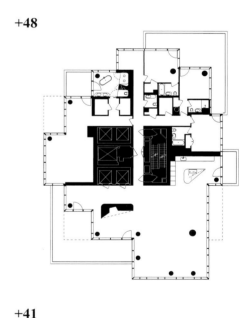

+24
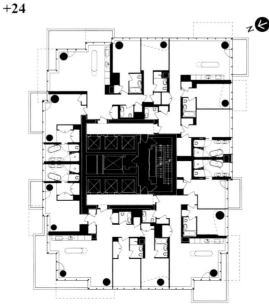

+41
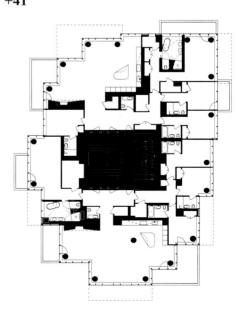

布拉格文化新景观：放任它飞翔

胡特建筑事务所（Hut' Architektury）
在一座艺术中心让加建了一艘叫格利弗
（Gulliver）的飞艇，为其添色不少。

新的空间会被用于阅读和文学讨论。
图 / 彼得·克拉利克（Petr Králík）

文 / 亚当·史迪奇（Adam Štěch）
图 / 扬·斯拉维克（Jan Slavík）
译 / 朱颖

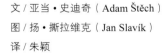

　　格利弗飘浮于 DOX 当代艺术中心的庭院之上，是蓬勃发展中的布拉格文化景观的新成员。由胡特建筑事务所的捷克建筑师马丁·拉尼史（Martin Rajniš）和戴维·库比克（David Kubík）设计，42 米长的钢加木结构，形状是 20 世纪的飞艇。2016 年年末作为新的文学中心对公众开放。

　　DOX 当代艺术中心是一家耗资巨大的私人博物馆，致力于展出各种当代艺术品。它原先是布拉格霍勒索维兹区（Holešovice）的一个酿酒厂，由捷克建筑师伊万·科罗帕（Ivan Kroupa）用他的白色极简理念重新改造，于 2008 年开放。拉尼史在此之前已经完成了好几个实验性的木结构建筑。他设计的这个飞艇形式与 DOX 的

一艘飞艇停在了 DOX 当代艺术中心的上面。

纵剖面

原建筑在材料和外表上都形成了鲜明对比。在深化设计的过程中，建筑师们得到了艺术爱好者，同时也是慈善家及 DOX 创始人的里欧式·瓦尔卡（Leoš Válka）的支持，也得到了木材和钢铁专家的协助。

建筑师们用飞艇这一形式使人们回想到 20 世纪早期的技术进步和先锋派艺术。这座 10 米宽的建筑物与乌托邦文学中的最著名的人物之一——格利弗同名。它由厚木板构成，外包塑料壳，坐落在钢柱上。它的空间会被用于与 DOX 展览主题相关的阅读和文学讨论，通常会针对当代人类某方面的现状提出独特的看法。

hutarchitektury.cz

建筑师用纱罩为原本平淡无奇的建筑赋予了
新的特征，从此辨别该建筑不必再依靠标识。

改造菲尼克斯教堂：剥离和翻面

杰克·德巴特罗（Jack DeBartolo）用外科手术的方式改造了
菲尼克斯郊区的一座教堂。

改造前的教堂

平面

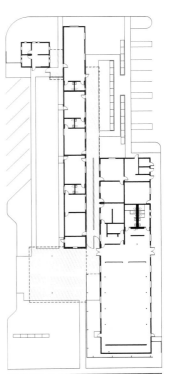

文 / 亚伦·贝茨基（Aaron Betsky）
图 / 比尔·提莫曼（Bill Timmerman）
译 / 朱颖

　　要创造一座建筑你最少要做什么？德巴特罗家族的第三代建筑师杰克·德巴特罗在改造菲尼克斯的一座教堂兼学校时得出了答案。受到 170 万美金的预算和不太吸引人的原建筑的限制，他除掉了被上一个教会弃用的圣所的外表面，只留下其中的木结构，并向街道方向扩建了几英尺。然后，他在前面放置了一个波纹金属罩，向教徒指示教堂的所在。一块相同材料的水平板为室外集会空间遮阳，即使是在炎热的夏天，也能保证清凉。

　　除此之外，他在教堂靠近繁忙街道的一侧添加了两座尖顶的砖砌建筑作为教室和小型办公室。德巴特罗除去了原来的粉刷层，让不同种类的砖石暴露出来，然后通过窗提升空间。室内方面，他拿掉了吊顶，增加了空间净高度，同时让人能够真实看到并感受到建筑元素。

　　德巴特罗增大场地元素的影响和增加市民和宗教意味的策略，减少了宗教建筑的厚重感，让使用者在简单平淡中获得好心情。德巴特罗就像当代的文丘里，知道郊区的混乱无序并不是什么大问题——通常只需要在尺度上做剥离、消除、整理和翻转处理就行了。

debartoloarchitects.com

有遮阳设施的室外集会空间同时也充当教堂的大堂。

阿姆斯特丹住宅设计：
隐藏的意义

莫比特（Mopet）根据周围环境设计。

文 / 戴维·邱宁（David Keuning）
图 / 杰容·穆史（Jeroen Musch）
译 / 朱颖

19 世纪下半叶，哈勒姆（Haarlem）的旧城墙被拆除，取而代之的是由荷兰著名景观建筑师佐柯（J.D.Zocher Jr.）设计的英式公园。那里留有大量的新古典主义别墅，它们藏于树木之间，带有能够眺望运河景色的花园。其中一个著名的花园，前些年被分离出来，成为一块独特的场地。

莫比特在 2006 年为买家设计了他们位于阿姆斯特丹的住宅，这次他又得到了他们的设计委托。"因为场地被别墅环绕，所以房子必须看起来比实际要大，"莫比特的设计师乔波·摩林科（Joep Mollink）说。"这就是为什么我们做了一个宽的、浅的、高的建筑。"为了避免在这个满是文物遗址的地区挖得太深，房子一部分建在一座 20 世纪被拆除的别墅的地下室地基上。因此，从平面图上可以看到地下室有一个旋转角度。这个空间被用作非正式入口和这户人家三个孩子的游戏室。

这座房子的设计与周围环境融合。比如说，立面的黄色就与其他别墅相似。但是摩林科试着避免过于直白的借鉴。"我们的设计过程充满了建筑历史的痕迹，"他说，"现在我们试着挣脱它的束缚。"

但是血毕竟浓于水。当被问到时，他承认在设计被螺旋楼梯包围的壁炉时，他脑海里想的是 1964 年的瓦纳·文丘里住宅（Vanna Venturi house）。建筑宽浅的形状也与之类似。不过，只有内行人才能看出这一关系。乍看之下，这两座住宅并没什么共同之处。"当一座建筑看起来像是从以前开始就一直在那里时，或者说它看起来没什么需要改的时候，它才真正融入了它所处的环境中，"摩林科说。

mopet.nl

客厅比厨房高半层楼。房子在一座 19 世纪的别墅的花园里，从窗口可以看到别墅。

屋顶和立面都用了被切成斜角的砖块。这一倾斜的元素是为这一项目特别制造的，它使住户能够在看外面的同时不被看见。摩林科将它们比作要塞的枪眼。

0

+1

+2

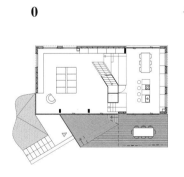

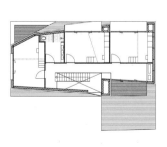

-1

横剖面

纵剖面

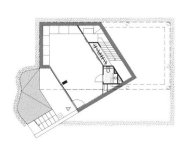

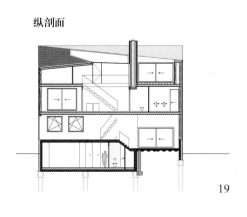

格拉城市改造：一个预制的童话

广告代理公司弗里安 - 法布里克（Folien-Fabrik）
将旧城区的立面搬到混凝土预制板上。

文 / 弗洛利安·海梅尔（Florian Heilmeyer）
图 / 托马斯·穆勒（Thomas Müller）
译 / 朱颖

　　拥有十万人口的格拉（Gera）是德国东部地区图林根省最大的城市之一。它悠久的历史可以追溯到 10 世纪，得益于其繁荣的纺织业，它曾是德国最富有的城市之一。今天，遗留下来的建筑已经不多了。第二次世界大战的摧残和 1960 年开始的后工业时代的衰落，使得格拉和很多城市一样，不得不面对人口下降、未来经济的不确定性及城市定位不清晰等问题。为了体现它的历史，格拉将名字改为"奥托·迪克斯之城"。奥托·迪克斯（Otto Dix）是 1891 年出生于这里的德国著名画家——虽然他很早就离开了，而且再也没有回到这个地方。

　　不过现在在格拉占主流的并不是那些老城区少量的历史建筑，而是很多在 GDR（民主德国）时代为适应人口增加，用预制水泥板建造的社会主义住宅。那些简单、庞大的灰色板材使建造变得快捷且廉价——甚至很多时候太廉价了。虽然很多已经在 1989 年 GDR 时代结束时就被拆除了，但是它们仍然是性价比较高的居住选择。

　　为了消除单一颜色带来的沉闷感，很多建筑都被涂上了明亮的颜色——这不仅是为了减少视觉上的体量，也方便住户辨认自己的房子（哪间是我的来着？）。一个广告代理公司打算更进一步。不论是出于讽刺还是绝望，他们试图将理想图景融入现实世界。他们将旧城区的立面画在格拉 - 鲁桑街区的房子上，包括木质篱笆，还在上面画了蓝天。一个美丽的预制童话。他们之后会幸福地生活吗？

folienfabrik.blogspot.de

诺曼底图书馆设计：四合一

OMA 在卡昂设计的图书馆中心
有一个巨大的阅读室。

图／菲利浦·路奥特（Philippe Ruault）/OMA

文／安娜·桑塞姆（Anna Sansom）
译／朱颖

21 世纪的图书馆是怎样的？ OMA 在设计位于法国北部诺曼底地区卡昂（Caen）的托克维尔（Alexis de Tocqueville）图书馆时思考了这个问题。图书馆以 19 世纪政治家及作家的名字命名。德科·彼得斯（Dirk Peters），OMA 前项目经理，辞职后创立了巴寇德建筑事务所（Barcode Architects）。他解释道："我们设计了一种新的典型建筑，它的特点是宽敞开放的阅读室。这个空间重新确立了作为公共机构的图书馆与都市空间之间的重要关系。"

在市中心东边的半岛上，沿圣皮耶罗盆地，这座面积为 11 700 平方米的透明建筑于一月份正式启用。它的藏书主要分为四类：科技、社会科学、文学和艺术，因此 OMA 设计了一个十字交叉的形状。在第一层，四个类别分别有它们独有的空间（带有各自的特色，如艺术区的编辑室），同时在中心的巨大双层阅读室交会。在这个阅读室内各个方向都一览无余。

OMA 设计了一个由类似空气泡板材组成的立面来承受风力，使一楼得以成为一个开放的、单元化的无柱空间。同时，显得轻巧的立面让城市景色有了些许变化。书架下面都装上了轮子，这意味着如果需要的话，布局可以随时改变以获得更多社交活动空间。

地下室的储藏室可容纳一百万册图书。地面层有一个带展示空间的平台、一间新闻亭、一家餐厅和一个礼堂。相对的，办公室和儿童图书馆被放在了顶层。"这层楼事实上是浮在空中的，悬在十字形的下面，"彼得斯说。

oma.eu
barcodearchitects.com

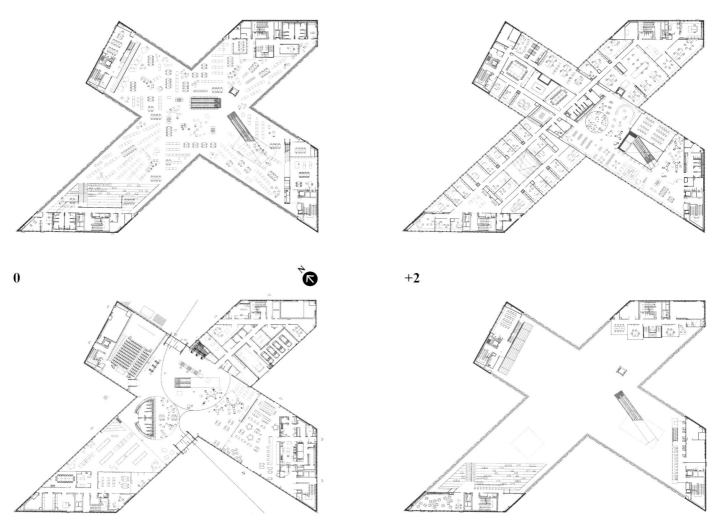

监狱牢房

文和图 / 迪欧·图丁格 (Theo Deutinger)

琼·艾尔柯贝·阿隆索 (Joan Alcobé Alonso)

史戴芬诺斯·费力帕斯 (Stefanos Filippas)

译 / 朱颖

监狱是一个社会的镜子。犯了错的人需要被关起来，因此每个国家都有监狱。哪怕最具人道主义的政府也会囚禁罪犯。但是监禁的哲学意义有很多种，其中有两个极端代表："监狱是隔离罪犯的地方"和"监狱是让罪犯变得更好的地方"。牢房的布置也会相应不同。

牢房大小从 2 平方米（几内亚）到 12 平方米（瑞士）不等。一些国家有指导规范，但是事实是在很多发展中国家，并未明确规定牢房的尺寸。鉴于全球标准的缺失，国际组织制定了最小牢房尺寸的建筑要求。红十字会声明，一间单人牢房至少要 5.4 平方米。开窗面积要达到地面面积的 10%，并要让服刑者能够看到外面的环境。

目前全球有超过一千万服刑者。美国占了近四分之一。不过从前并不是这样。自 20 世纪 80 年代以来，随着监狱的私有化，美国囚犯的人数从 50 万上升到 220 万。结果导致监狱从州政府的义务变成了一项产业。今天，在华尔街，美国监狱产业市值七百亿美元。换句话说，每个囚犯的价值为 3.2 万美元，相当于 1850 年一个奴隶的价值。

监狱的私有化不仅影响了刑法，也影响着监狱建筑的设计。监狱产业对于效率的无止境追求催生了一种理念——"窗越少越好"。这是由一家专门设计"改造设施"的美国建筑事务所提出的。他们认为无窗的监狱建筑是一种"经济、有逻辑、便于管理且确保安全的设计策略"。在这家事务所的渲染图中，监狱就像很多大的储物箱一样。

对于建筑师来说，设计监狱应意味着设计人类的居住空间，就像客厅一样。我们作为社会自由人的一员，掌握着牢房的钥匙和它们应该是什么样的。

Sources:
prisonobservatory.org / icrc.org / cpt.coe.int / hrw.org
aca.org / cbc.ca / theguardian.com / workingnotes.ie
telegraph.co.uk / spectator.sme.sk / rijksoverheid.nl
theconversation.com / iranhrdc.org / budapestbeacon.com

td-architects.eu

平面

0 ——————————— 100 cm

346 cm

141 cm

2 m²

4 m²

6 m²

8 m²

10 m²

12 m²

141 cm

346 cm

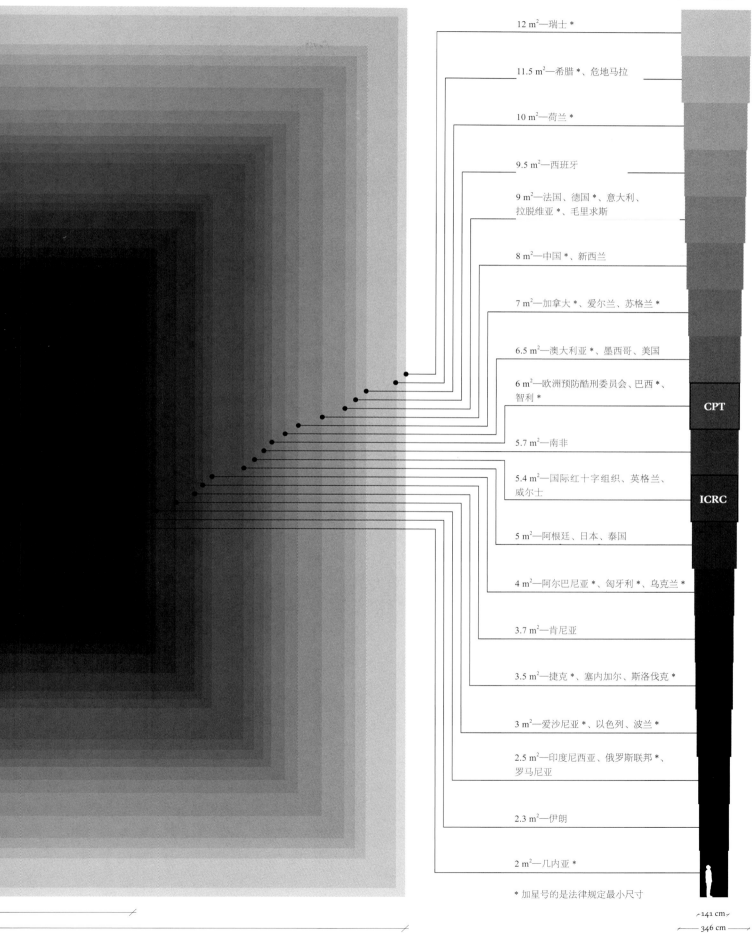

剖面

0 ▬ 100 cm

12 m²—瑞士 *

11.5 m²—希腊 *、危地马拉

10 m²—荷兰 *

9.5 m²—西班牙

9 m²—法国、德国 *、意大利、
拉脱维亚 *、毛里求斯

8 m²—中国 *、新西兰

7 m²—加拿大 *、爱尔兰、苏格兰 *

6.5 m²—澳大利亚 *、墨西哥、美国

6 m²—欧洲预防酷刑委员会、巴西 *、
智利 *

CPT

5.7 m²—南非

5.4 m²—国际红十字组织、英格兰、
威尔士

ICRC

5 m²—阿根廷、日本、泰国

4 m²—阿尔巴尼亚 *、匈牙利 *、乌克兰 *

3.7 m²—肯尼亚

3.5 m²—捷克 *、塞内加尔、斯洛伐克 *

3 m²—爱沙尼亚 *、以色列、波兰 *

2.5 m²—印度尼西亚、俄罗斯联邦 *、
罗马尼亚

2.3 m²—伊朗

2 m²—几内亚 *

* 加星号的是法律规定最小尺寸

141 cm

346 cm

位于房子正中央的餐厅
比其他房间都要高。

贝诺拉克沃住宅设计：
俄罗斯套娃原则

普鲁若（Plural）建筑事务所所做的层叠设计。

平面

纵剖面

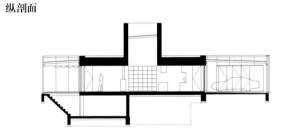

文 / 亚当·史太奇（Adam Štěch）
图 / 达尼拉·多斯拖科娃（Daniela Dostálková）
译 / 朱颖

2016 年，位于布拉迪斯拉发（Bratislava）的建筑事务所普鲁若（Plural）在线上住宅平台搜集了一系列住宅建筑资料，做了一个关于 20 世纪住宅建筑的调查。马丁·亚考克（Martin Jančok）、迈尔克·亚纳克（Michal Janák）和伊万娜·措贝约娃（Ivana Čobejová）准备了一些维谢格拉德（Visegrád）国家（捷克、斯洛伐克、匈牙利和波兰）的住宅资料，它们都代表了 20 世纪后半叶现代主义的各个分支。

有一些在社会主义规则下设计出来的建筑成了普鲁若一个住宅项目的灵感之源。项目所在地贝诺拉克沃（Bernolákovo）离斯洛伐克首都只有数千米，这是一个精巧、低调、视觉上十分安静的建筑。普鲁若设计的房子由两部分组成。建筑主体的核心部分有客厅、餐厅、厨房和卧室。二楼是一个半室外空间，带有车位、储藏室、游泳池和舒适的露台。

室内空间是一个基于 3×3 分割的帕拉迪奥式平面。房子的中心是餐厅，被其他空间包围着，材料是刷白的砖和木板。大多数房间都有从地板到天花板的大窗户，方便看外面的露台。这些空间透过半透明的塑料板材和前庭、后花园保持联系。这一点是 20 世纪 50 年代捷克建筑师亚洛斯拉夫·瓦库利克（Jaroslav Vaculík）经常用的手法，后来被收录在普鲁若的住宅资料中。
plural.sk

半透明的波纹塑料板在夜晚透着光亮。

游泳池位于房子后面的露台上。

巴黎萨克雷大学图书馆：
城市书架

在巴黎萨克雷大学的校园里，莫托（Muoto）
把运动场放在了餐厅和咖啡厅上面。

+2

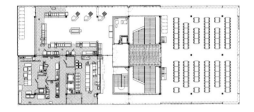

+5

0

N
↑

纵剖面

文 / 玛丽斯·昆顿（Maryse Quinton）
图 / 马克西姆·德尔沃（Maxime Delvaux）
译 / 朱颖

　　萨克雷（Saclay）是巴黎西南方 19 千米外的一座小城。几年前，它的土地被用作农业。现在，它被纳入规划，正逐步成长为一座科技城，同时也拥有很多法国学校。著名建筑师，如伦佐·皮亚诺（Renzo Piano）和雷姆·库哈斯（Rem Koolhaas）目前在这里都有项目。

　　在此背景之下，莫托建筑事务所，一个由吉勒·德拉雷克斯（Gilles Delalex）和伊福斯·莫洛（Yves Moreau）带领的设计工作室刚刚在此完成了一个混合场所的设计。一座名叫路德维（Lieu de vie）的新建筑将饮食和体育运动结合到了一起，这是一种不太常见却十分有启发性的组合方式。

　　通过灵活、感性的设计手法，法国建筑师们将这个混合功能的建筑设计为一座"城市书架"。不同的活动被垂直叠加在一个粗犷有效的混凝土结构中，没有花哨的设计，也没做任何隐藏。人们在建筑中的通行让动线分布成为一个难题。为了保证人流通畅，所有楼层由一个开放的中央楼梯连接，作为公共空间。这种垂直的概念恰好也保留了室外空间。建筑 24 小时开放，对于学生、学者和大众来说是个公共场所。

　　不过，等你爬到顶层会发现它最重要的秘密。从屋顶的运动场可以看到周围的景色，这片转变中的土地，就是一个生动的万花筒。

studiomuoto.com

平面

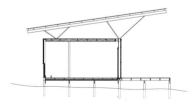

横剖面

火山与湖泊之间的房屋设计：用元素来建造

克里斯蒂安·艾科索·瓦尔兹（Cristián Axl Valdés）
在湖泊和火山之间造了一座简单的房子。

文 / 约瑟·路易斯·乌里韦·奥尔蒂斯（Jose Luis Uribe Ortiz）
图 / 纳塔莉亚·弗朗哥·梅萨（Natalia Franco Meza）
译 / 朱颖

由塔尔卡（Talca）的 Mutar Esudio 的建筑师克里斯蒂安·艾科索·瓦尔兹设计的莫尔克之家（Molco House）坐落于智利南部，位于该地区的两个地理元素之间：雄壮的比亚里卡（Villarrica）火山和广阔的比亚里卡湖。房屋地基水平线的构建形式勾勒出了它的建筑宣言——不想夺去周围自然风景的风头。这也是设计的原则。

就房间排布来说，这座 120 平方米的房子的所有私密空间都沿边布置，客厅和餐厅被放在中间。对着湖泊的主要立面有着滑门，使房子能完全开放，连通室内外。

木头房子上面是挑出的金属屋顶，遮阳的同时也保证了房子夏天的通风。

mutarestudio.com

2847 米高的比亚里卡火山是这座建筑永久的邻居。

意大利公共建筑：米兰任务

赫尔佐格和德梅隆在意大利的第一座公共建筑，
也是都市重建的一部分。

文 / 莫尼卡·赞博尼（Monica Zerboni）
图 / 菲利波·罗马诺（Filippo Romano）
译 / 朱颖

　　波塔沃塔区（Porta Volta）的费尔特利奈里基金会总部是瑞士建筑师赫尔佐格和德梅隆在意大利设计的第一座公共建筑。从 2016 年 12 月起它成为费尔特利奈里文化和研究基金会的新总部。建筑的一部分也是微软在意大利的办公室。费尔特利奈里基金会总部的部分被一条窄缝与其他部分分离，视觉上看起来是两个部分，但能看出它们属于同一建筑。一条长长的绿化带被嵌入建筑后部，作为林荫道的延伸。

尖顶使阅读空间产生律动。

图 / 马里奥·卡里艾利（Mario Carrieri）

横剖面

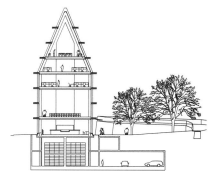

这座建筑只是米兰波塔沃塔区改造过程中的一小部分。近几年，在这一区域还有其他大量建筑和社会项目，包括斯特凡诺·伯艾利（Stefano Boeri）著名的垂直森林。新建筑坐落在古西班牙墙边狭长的场地上。根据建筑师的描述，这个设计融合了米兰城市与建筑的主题，也受到伦巴第（Lombardy）地区传统乡村建筑的影响。

建筑师们选择了狭长的形状，加上融入立面的尖顶，最大化了室内的流动延续性。建筑有五层，与街上周边建筑的楼层相呼应。尽管如此，它还是十分出挑。这不仅是因为它独特的尺寸，也是因为它和周围建筑完全不同。玻璃的立面接纳并反射着周围的环境，同时高透明度也将各楼层合理的布置展示出来。在街道设计上，咖啡厅、餐厅和书店让人们有了交流和休息的地方。

不论欣赏还是失望，费尔特利奈里基金会总部为这个街区带来的新鲜空气是有益于米兰的文化与建筑的。

herzogdemeurom.com

N

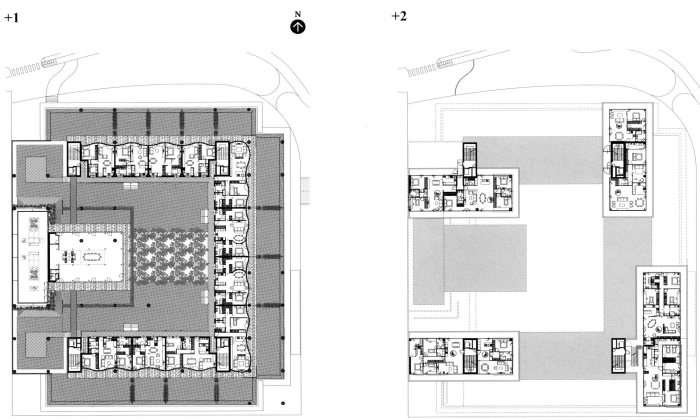

2

意大利北部的"空中花园"：轻得像鸟儿一样

阿科帕比（Arkpabi）深入思考了建筑和空气的关系。

文 / 劳伦·蒂格（Lauren Teague）
图 / 罗兰·哈尔波（Roland Halbe）
译 / 朱颖

人们通常认为建造新的建筑会对自然造成破坏。在意大利北部，本土建筑事务所阿科帕比用八个架空的体块组成了"空中花园"——一个住宅与办公建筑群。每个公寓都带有各自的花园，可以向下俯瞰到很多栽种着植被的屋顶，也可以看到更远的老城区中心。这个设计向人们展示了如果能更深入理解我们建造的建筑和它所处环境的关系，可以降低建筑对建造环境的破坏。

以土地作为基础，事务所尝试分解并再组合绿植空间。"我们试着想象怎样在不同高度上重新编排它们，从鸟瞰的角度，整个地块看起来成为一个整体。"项目建筑师乔治欧·帕鲁（Giorgio Palù）解释说。体块被有序地放置在不同高度。"建筑似乎浮在空中，这个设计的主要关注点是重新平衡建筑和开放空间的关系。"

撇开积木块的形式不谈，公寓让人感受到无重和自由。帕鲁用法国诗人保罗·瓦雷利（Paul Valery）的话总结，直译过来就是"一个人必须轻得像鸟儿一样，而不是羽毛"。这样的形容描述了建筑有意识地与空气互动、但不会造成妨碍。在这一类比中，羽毛是无力的，会轻易被空气吹散，而被精确放置的体块就像小鸟，在控制中自由翱翔。

arkpabi.it

+3

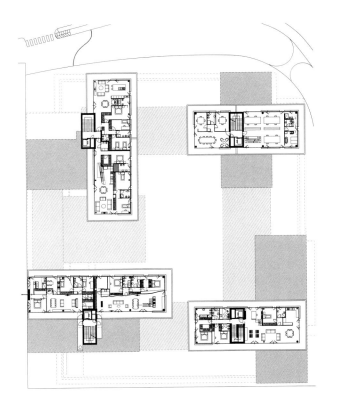

横剖面

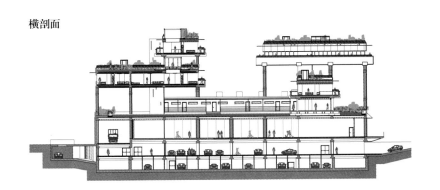

里斯本郊区的办公改造项目：加密办公室

普洛蒙托里奥（Promontório）和Vhils合作创造了一个有趣的立面。

文 / 安娜·马丁斯（Ana Martins）
图 / 费尔南多·格拉（Fernando Guerra）/FG+SG
译 / 朱颖

当从东面进入 GS1 位于葡萄牙的新总部时，整座建筑看起来就像一件艺术品。刻有浮雕的混凝土板组成了一个巨大的雕刻立面，它会随阳光的改变和观察者位置变化呈现不同效果。当人们朝右边走时，随着在板之间均匀分布的通高玻璃暴露出来，这座混凝土堡垒会逐渐变成一个透明的玻璃房子，复杂有趣的艺术品会让位给一个简单直接的建筑。

这个项目是 20 世纪 80 年代的办公建筑改造项目，是葡萄牙建筑设计事务所普洛蒙托里奥和有名的街头艺术家亚力克山德拉·法尔托（Alexandre Farto，众所周知的名字是Vhils）共同打造的。它位于里斯本郊外的 IAPMEI 科技园区。原本的建筑被剥得只剩混凝土核心筒，改造很好地体现了这家研究视网膜等身份识别系统的国际公司葡萄牙总部的文化。法尔托补充道："这件艺术品加入了各种概念，包括加密和解密。"

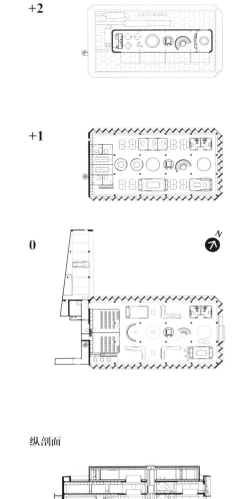

+2

+1

0

纵剖面

大的圆形空间连接三个平面。

建筑共 1750 平方米，底层包括一个展示厅、一个礼堂和一间多媒体实验室。一层有一个开放的工作空间、一个会议室、一间办公室和两个电话服务中心，二层有一个向外延伸的平台、一个食物储藏室和一个餐厅。室内设计结合了原本的混凝土结构，同时加入了办公空间规划和最新科技。建筑师佩德罗·阿普莱顿（Pedro Appleton），同时也是普洛蒙托里奥里斯本办公室的负责人，说道："暴露出来的混凝土的原生感，加上除去天花板后裸露的管道和电缆槽，与触感舒适的表面材料，如漆布、软木、织物和地毯等，形成了强烈对比。"

promontorio.net

多样的建筑形式，多彩的生活情趣！

人们一般认为：住在高层塔楼的公寓中，并不是一件让人觉得甚是体面的事情。如果可以选择，相比一套有阳台的公寓房，很多人更愿意选择一座带花园的房子。因为第二次世界大战之后，高层塔楼在全世界几乎家喻户晓。这些高层塔楼中的住宅单元，简化为千篇一律的"方盒子"，离建筑的初衷渐行渐远。有关这些方面，可进一步参阅巴拉德 (Ballard) 的小说——《高层建筑》（*Highrise*）。

当下，城市居民在此方面几乎没有任何话语权：全球城市化的崛起，使得公寓生活成为越来越无法避免的城市生活方式之一。土地的价格越高，住宅公寓的价格就越发昂贵。

但这并不意味着过去犯下的错误必须重演。在住宅小区中，可以同时在设计层面与社会方面，尽可能多地引入多样化的住宅形式，来防止单一的住宅形式。较为理想的情形是：大型的住宅建筑群不仅包括中产阶层的住宅公寓，还包括很大一部分的社会保障房，以及几所真正的大房子。所有的这些住宅形式应该尽可能互不相同，而不是彼此毫无差异。如果还能有其他类型的住宅形式，那更好，如为那些需要特别照顾的年长人士准备的住宅。如果建筑物还兼顾其他使用功能，如办公、商业与酒店服务业，那么更应该营造成为一个充满活力的人居乐园。功能越齐备，生活越幸福！

（任国亮 译）

住宅塔楼的演变

贝朗热 & 文森特事务所最新设计的
住宅建筑中，有很多种住宅形式。

文 / 安娜·桑塞姆（Anna Sansom）
译 / 任国亮

双层通高的阳台，显示了复式公寓的位置。
图 / 塞尔吉奥·葛拉齐亚 (Sergio Grazia)

面朝卢瓦河的一排五幢连栋房屋。

图 / 塞尔吉奥 • 葛拉齐亚

　　南特市（Nantes）是法国第六人口大市，约有 30 万人，目前该市人口还在稳步增长。卢瓦河流经该市的西部，近年来不断增多的高层建筑，也改变了该市的面貌。黑莫拉塔楼（Hémêra tower），由总部设在南特市的贝朗热 & 文森特（Berranger & Vincent）事务所设计，是其最新的代表作。

　　该项目最初由南特城市开发商创建，这是一家由市政府创办的住宅公司。该公司组织了一场设计竞标：要求在新的欧兰区（Euronantes district），严格限制在占地 2300 平方米以内，设计三幢独立的住宅楼，但是要融合为一个整体。该项目一共采用了三种住宅建筑形式：一幢住宅塔楼，一排五个小型的连栋房屋，以及一幢社会保障房。所有这些住宅都共享一个公共花园。

　　斯蒂芬妮 • 文森特（Stéphanie Vincent）说："有很多制约因素。"她指的是该项目前方有卢瓦河，后面还有交通枢纽。该项目正处于不发达的马拉科夫地区（Malakoff）与新的欧兰区的交接地段。斯蒂芬妮 • 文森特说："这个是人口密集区，也正是这种交接地段，让我们在项目中受启发很多。它让我们在设计中采用不同的建筑形式，并通过不同的建筑朝向来提升设计质量。"整个住宅建筑群合计 87 户：包括位于住宅塔楼的 69 套公寓、位于低层住宅的 13 套社会保障房，以及 5 个连栋房屋。总共有 26 种不同的住宅类型，其中 21 种在住宅塔楼之中。

　　斯蒂芬妮 • 文森特与杰罗姆 • 贝朗热（Jérôme Berranger）曾经共同在法国雷恩建筑学院学习，在 2003 年一起开创了他们的建筑事务所。该事务所主要专注于住宅建筑，在被委托黑莫拉塔楼这一项目之前，该事务所已经与房地产开发商阿塔拉西亚（Ataraxia）合作，在南特市内及周边地区承揽了几个住宅项目。

　　在一月一个清爽明媚的下午，我们约好了一起去实地察看项目。我们首先从朝南的一排五个连栋双层房屋开始，它们离卢瓦河畔才几米。其中的四个房屋采用木材与铝材外装饰，形式相同；第五个房屋，在规模上稍微小一些。首层的起居室具有双层通高，这样便可以观赏到室外美丽的树林，从起居室外的小阳台还可以俯瞰卢瓦河。用闪银色铝复合板制成的滑动和折叠百叶窗，有利于保护住户不受外界的干扰。文森特解释说："我们在三幢建筑实体中都采用了铝材，"她指的是连栋房屋、社会保障房和住宅塔楼，"连续使用这种材料，会让人感受到项目的整体和谐，三幢建筑融为一体。"

　　贝朗热与文森特提议，在紧邻连栋房屋的地方设置一个咖啡屋，这原本在设计说明中并无要求。"我们注意到很多人都会来这里吃午饭，因此我们想这个地方非常适合设置一个商店或咖啡店。"文森特如是说。在连栋房屋的旁边，也就是庭院花园的另一侧，是社会保障房的公寓大楼。它是一座高楼，首层有商业空间。由于开发商阿塔拉西亚的决定，在所有三幢建筑实体内外均采用相似的材料，社会保障房这个建筑物在另外两个建筑物之间显得非常协调。

　　经过房屋前面的一座桥，便到达了南特大区。这是卢瓦河的另外一侧，是中产阶级的社区。这里是设计项目中最为挑战性的部分——住宅塔楼。

　　住宅塔楼在卢瓦河的另一侧，它的部分建筑立面采用了铝材，在阳光下闪闪发光。这幢 53 米高的住宅塔楼，在建筑空间组织上被划分为三个层面。建筑师们诠释为：生活在树林、生活在城市、生活在空中。它指的是从不同层面所观察到的三种生活景观。该幢建筑物的立面几何线条逐层变化，彰显了藏在立面背后多样的住宅公寓类型。其中有两种住宅类型拥有双入口，以便青少年、儿童、年长者、访客或居家工作人士，都能有更多的独立空间。文森特说道："预估住户的未来所需，我们在设计中已经考虑未来住宅公寓

庭院台阶高低错落，位于河畔码头与街道之间。

图 / 斯特凡·沙尔莫（Stéphane Chalmeau）

连栋房屋与很多住宅公寓均是双层通高。
图/斯特凡·沙尔莫

住宅塔楼的三个不同层面

生活在空中

生活在城市

生活在树林

"这个建筑物给人的印象是：它一直以来都在此。"

的形式变化。"大多数的高层建筑被毫无关联地水平分割，住宅公寓却与此不同，它是相互交织的建筑体系，以便能够最大限度地保护住户隐私与促进邻里关系。

在住宅塔楼的低层部分，是一些小型公寓与 11 个复式公寓。它们都有半透明的铝质阳台。在住宅塔楼的中间部分，是一些大型公寓，它们拥有更多的不透明的阳台，便于进行室外活动。在住宅塔楼的顶层，公寓都有滑门，室外是玻璃阳台，玻璃窗户可以折叠。阳台是室内外之间的中间地带，能够最大限度减少高层住户的高空眩晕感。已经搬入新公寓的住户们，充分利用了这个半室外空间：他们用沙发、桌椅和阳光躺椅，将此处装点起来。文森特说道："我们原先就不打算在此重复设计立面。同时，我们对住在高层塔楼的意义提出了疑问，并扪心自问高层住宅的眩晕感与高度。然后，我们认为需要为此做些什么。"

在住宅塔楼的顶层——通高的空中别墅里面，可以获得相关体验。其中两个空中别墅几乎可以俯瞰卢瓦河、南特大区和市中心的全景，而第三个空中别墅则可以俯瞰卢瓦河、南特大区和马拉科夫地区。实际上，当初有些房地产开发商不愿意参与竞标，他们认为靠近马拉科夫地区会妨碍房产销售。然而，住宅公寓热销一空。文森特说道："现在他们肯定扼腕不已，这个建筑物给人的印象是：它一直以来都在此。"
berrangeretvincent.com

从阳台上可以俯瞰卢瓦河和南特大区。
图 / 塞尔吉奥·葛拉齐亚

玻璃阳台保护住户免遭外界风雨。
图 / 斯特凡·沙尔莫（Stéphane Chalmeau）

+1
连栋房屋

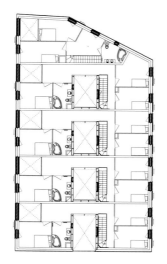

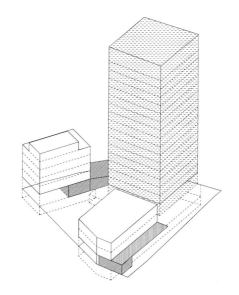

0

"不同体量的建筑物并置，
让我们在项目中深受启发。"

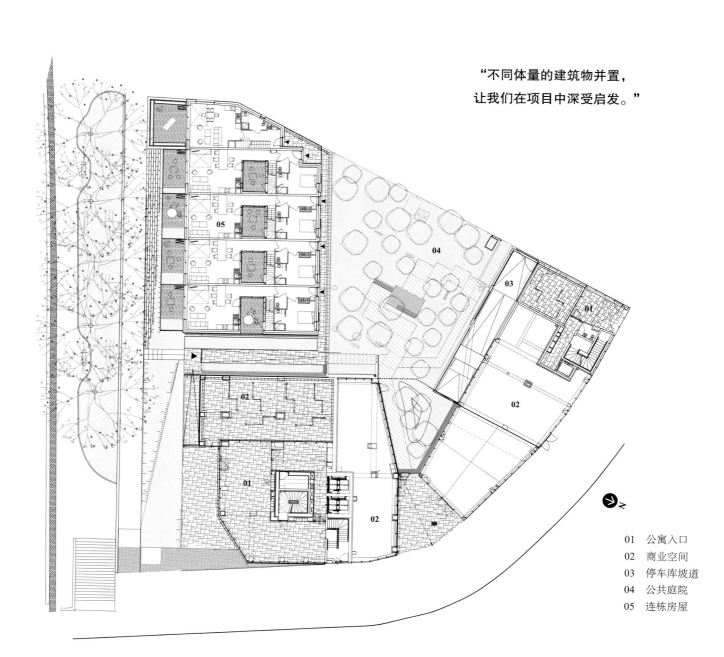

01	公寓入口
02	商业空间
03	停车库坡道
04	公共庭院
05	连栋房屋

社会保障房与
住宅塔楼的剖面图

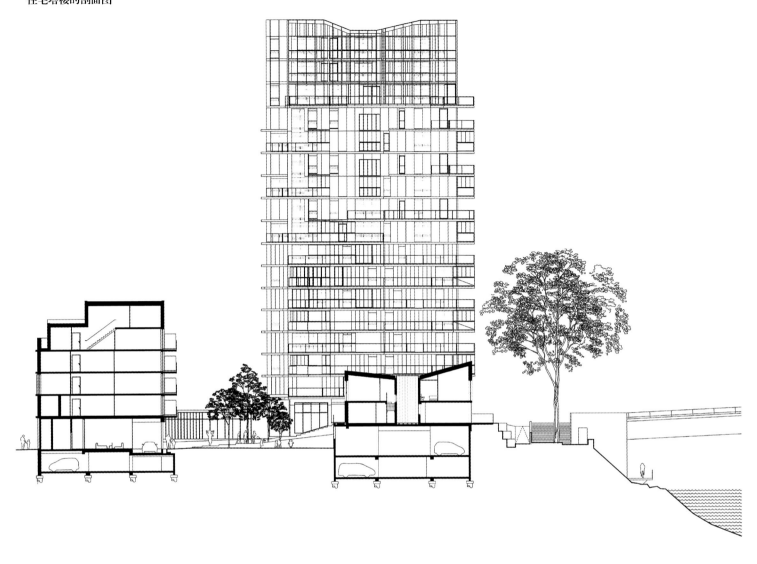

+3
塔楼

+9
塔楼

+14
塔楼

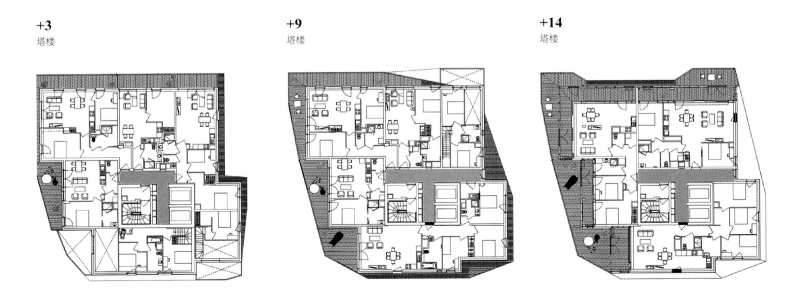

阿克西斯大楼（Axis）与街对面的塔楼对峙，形成了
前往法兰克福欧洲城（Europaviertel）的标志性通道。

板式住宅改造

梅克斯纳·舒特·温特（Meixner Schlüter Wendt）
建筑事务所，其设计的垂直住宅社区，将大小不
一的公寓楼与连栋房屋组合在一起。

文 / 弗洛里·黑尔梅尔（Florian Heilmeyer）
图 / 克里斯托夫·克拉乐伯格（Christoph Kraneburg）
译 / 任国亮

建筑立面采用柱式，在视觉上楼面由六个柱
"分割"，每个柱内部又一分为四。

　　"在德国，高层住宅建筑的名声并非都很好。" 弗洛里安·舒特（Florian Schlüter）如是说。然而他应该知道：他和他的梅克斯纳·舒特·温特建筑事务所，几乎同时皆因高层住宅建筑而中标两项设计。这两幢高层建筑也几乎同时竣工。一座是阿克西斯大楼，高 60 米，位于法兰克福市中心的西侧。该大楼已经交付使用，新住户正在搬迁至 153 套住宅公寓里面；另一座高层住宅还在施工中，它位于法兰克福的南部，至少 140 米高。时至今日，人们一直认为梅克斯纳·舒特·温特建筑事务所主要因其设计的小型智能化建筑项目而闻名。

　　这些都是相对独立的单体家庭住宅，在某种意义上，该建筑事务所是法兰克福建筑文化的代表。迄今为止，大多数人们住在低层建筑中，而高层建筑被金融业独占使用。法兰克福被认为是德国唯一真正拥有建筑天际线的城市。在德国，15 座超过 150 米的塔楼，其中就有 14 座在法兰克福；法兰克福拥有 30 多座高度超过 100 米的建筑。在欧洲，只有莫斯科、伦敦与巴黎拥有较多的摩天大楼，但是它们都是办公大楼。尽管土地价格高昂，但是迄今对高层住宅的需求还不足。"高层住宅建筑，这一说法让大多数的德国人回忆起 20 世纪 70 年代在卫星城里面的住宅单元楼和塔楼，" 弗洛里安·舒特说，"时至今日，德国人才开始认为住在高层建筑中是一件非常奢侈的事情。"

南向的连栋房屋带有花园。

因此，接下来法兰克福这座城市与梅克斯纳·舒特·温特建筑事务所，都开始考虑高层住宅建筑。除了上述的两座住宅塔楼之外，城市中最近有较多已经竣工的高层住宅，也有很多还在施工中。几年前，市政府态度发生重大转变，由办公楼转向住宅，同时完全更新了欧洲城的建设规划（占地面积约 404 685 平方米）。该地区自 1998 年以来，一直未能得到充分发展。该区域原来是中央货运站所在地，有 8000 居民，30 000 个工作岗位。过去六年来，这些数字不断调整，时至今日，该地区准备容纳 12 000 居民。

阿克西斯大楼与街对面的住宅塔楼韦斯特赛德〔Westside〕对峙，形成了前往法兰克福欧洲城的西侧通道。板式住宅建筑矗立高达 60 米，城市向

住宅塔楼的西侧延伸拓展。在这里，工业区、邻里住宅区与绿化区交替布置，偶尔还分布有少量的综合体建筑。由于阿克西斯大楼与韦斯特赛德塔楼周边均是低层建筑，因此它们看起来要比实际高一些。

早期的城市规划中，此处还有两座办公塔楼，但是没有找到投资商。直到此处的分区规划图发生改变，才有人开始对这里感兴趣。阿克西斯大楼所处的地块，由威尔玛〔Wilma〕公司接手开发，这是一家私营的建设公司，过去主要专注于开发连栋房屋与住宅建筑，最近开始关注较大的建筑项目与城市工程。也许最近法兰克福的每个人都开始关注高层建筑的确是一种运气，这就是新的理念产生的原因。

公共的庭院花园，有两个浅池塘。

为了设计阿克西斯大楼，威尔玛公司与六家建筑事务所组建了工作室。与匿名的建筑设计竞标不同，工作室开展了中期汇报。在此过程中，建筑师们会收到当地投资商和市议员的反馈意见。设计工作，可以说部分是通力合作完成的。"总平面图上实际已经标明了两座办公塔楼的位置，"梅克斯纳说道，"在图纸上，几乎是场地的中心位置，有两座简单的塔楼。我们刚开始制作了一系列的建筑模型，用于研究高层住宅建筑的众多形式，以及分析它们对于场地的影响。"施舒特补充说，"在某一次，我们提出这样一个想法：在整个场地上首先建造建筑的基座，然后在其之上（街区的上方）建造板式

高层建筑。其实，这就是采取了块体建筑与高层板式建筑相混合的建筑形式。我们曾经认为这个主意不错，因为板式建筑风格使得我们能够营造出宏大的都市风貌，而设计的低层建筑，能够与其他不同风格的建筑环境形成呼应。"

问题在于：如果采用上述建筑形式，意味着建筑师违背了建设规划的要求，它要求只有一半的场地可以开发建造。如果是匿名设计竞标，这就很可能成为失去竞标资格的原因之一。但是工作室这种制度，却有可能让建筑师们阐述他们的观点。"我们很快就成功说服了威尔玛公司和市议会的代表，快得都让我们自己惊讶不已，"梅克斯纳回忆说，"在我们汇报展示后，设

在入口大厅的走廊连接处，墙体采用了镜面，目的是让建筑空间看起来更宽敞。

起居室，位于住宅塔楼南面的一角，在两个方向都开设了窗户。

计的起点得到了修正，所有的设计师都能够利用整个场地进行设计。"后来，梅克斯纳·舒特·温特建筑事务所提出了一种混合式建筑类型，里面包括四个部分：柱基从地上首层贯通到第六层，里面是较小的住宅公寓，共有57套；在此之上的九层楼里面，是中等大小的住宅公寓，共有73套；15套复式阁楼，大部分位于建筑顶部的三层楼里面。在住宅塔楼的南面，建筑师们最终增加了8套二层楼高的连栋房屋。它们正对着城市老街区的连栋房屋，这些都是20世纪上半叶建造的。

在设计该建筑物的体型时，要考虑如何利用建筑外表皮结构，对绿色的

庭院形成遮挡保护作用。梅克斯纳·舒特·温特建筑事务所，通过采用光滑坚硬的外立面装饰来突出这一特色，特别是应用于面朝欧洲城的建筑立面之上。实际上，所有的住宅公寓都是在两个方向上通畅的，每一个住宅单元都有一个私人阳台或一个屋顶露台。带阳台的建筑立面是朝南的；曲折连续的楼板，使得这座19层的建筑线条叠加，建筑造型凸显。在建筑物朝向街区的立面，建筑师们将首层到第六层的柱列设计成一个整体框架，从而也构建了一个划分为三个叠层构造的建筑立面。从视觉上来看，各层楼板以2×2的单元连接在一起。而对于整个19层楼建筑物而言，其造型就不可简单而

"时至今日，人们一直认为梅克斯纳·舒特·温特建筑事务所主要因其设计的小型智能化建筑项目而闻名。"

语了。整个造型更加复杂。"要把板式建筑与 20 世纪 70 年代单一的大型块状住宅区分开来，我们认为是很重要的，"施舒特说，"我们曾经特意设计了不同的楼层平面图，并且很高兴能够解决规则建筑中的每一个不连续之处，如楼梯间和异位窗。"结果是，该建筑物成为一个非常友好的建筑，仿佛在竣工前跟它刚握过手。

在建筑物内部，一方面建筑师有必要让众多不同的住宅形式尽可能达到平衡，另一方面也要尽可能实现经济最优化。阿克西斯大楼提供了各种形式的公寓，从相对便宜的两居室到顶层 500 平方米的宽敞大公寓。另外，大楼的南侧还有连栋房屋，总的来说这栋大楼建筑类型非常多。此外，大楼的层高从最低楼层的 2.55 米逐渐增加到 2.95 米。

梅克斯纳·舒特·温特建筑事务所非常关注公共空间的规模与质量。位于中央位置且双层通高的门厅，是面向街区所有住户的主入口，不论其住宅在什么方位。门卫一人，关注着每一个进出大楼的人。门厅的墙体采用木材进行装饰，从宽敞舒适的楼梯可以步行到庭院花园，其下方是停车场。在门厅的两侧都有信箱和电梯间。门厅的公共空间非常宽敞，方便邻里之间拉家

常。"在高层建筑中，这些常见区域往往是存在问题的，"梅克斯纳说，"这就是为什么我们觉得非常有必要营造一个宽敞高质量的公共空间。"在双层通高的门厅，建筑师们在走廊连接处设置了一种场景：墙体采用镜面，这样空间显得更大。由于镜面反射，整个门厅也显得更为生动活泼。

上述这些设计细节，彰显了梅克斯纳·舒特·温特建筑事务所在这座 20 000 平方米的垂直住宅社区中所代表的想象力与关爱。在他们承接的一些小型设计项目中，也同样显示出对空间改造的偏爱。通过深入研究，发现这正是他们全面分析建筑物的功能或形式所达到的效果。在建筑物的南面一侧，三角形的阳台使得整个板式建筑熠熠生辉，缺乏一个比"舞蹈"更好的词来描述这种效果。阿克西斯大楼崭新依旧，但是一旦住户们用植物与家具装饰之后，整个建筑物将形成双面风格。在这片崭新的欧洲城荒芜贫瘠的土地之上，建筑师心中早就有此构思：面临街区的建筑立面，是坚硬的白色石灰石板式建筑；南面朝向老城区的建筑立面，是绿色活泼的板式建筑。

meixner-schlueter-wendt.de

在高层建筑中，朝南的住宅公寓能够俯瞰法兰克福市中心。

南面的阳台，设计样式多样化。

+1

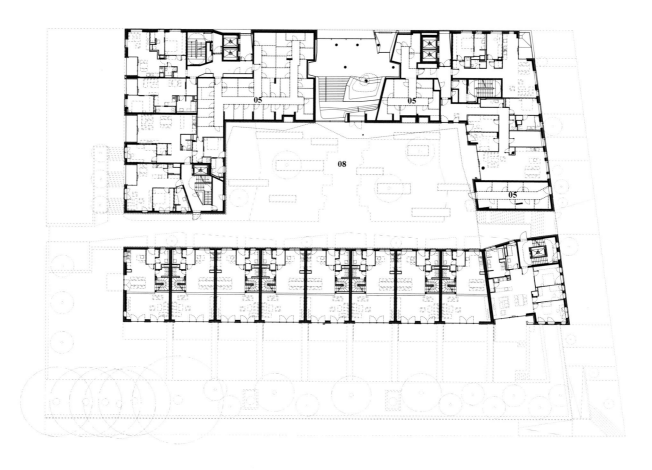

0

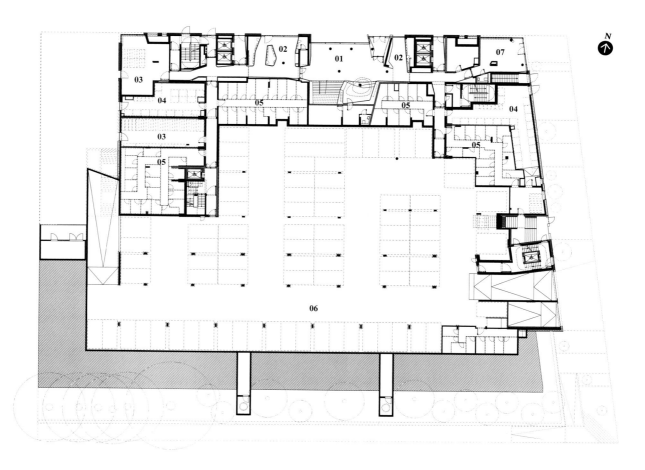

N

+16

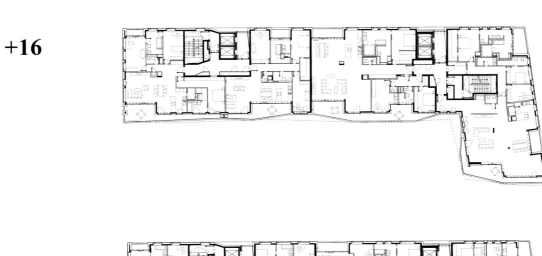

+14

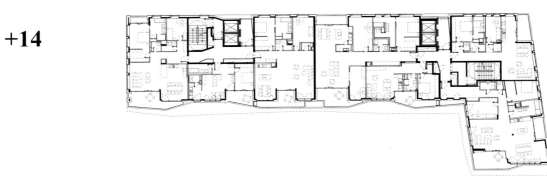

+9

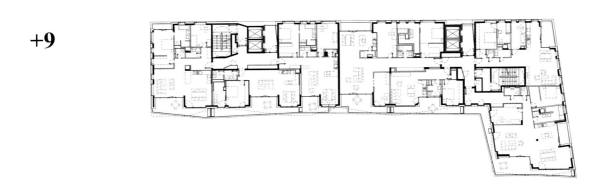

+5

街区改造

Polo 建筑事务所和 Meta 建筑事务所，
给安特卫普港口增添城市的繁华。

文 / 马克·杜波伊斯（Marc Dubois）
图 / 斯帝斯·玻拉尔特（Stijn Bollaert）
译 / 任国亮

整个建筑物的基座与半透明的白色混凝土外立面融为一体。建筑物靠近卡腾蒂码头（Kattendijkdok）的一侧悬挑出来，以便为首层商业空间的游客遮风挡雨。

安特卫普港口的卡腾蒂码头长 957 米，宽 140 米，建造于 19 世纪。然而，整个安特卫普港口逐渐朝东北方向伸展。到了 20 世纪末期，这个曾经的港口心脏地带却逐渐变得荒芜起来，仅留作专用的城市拓展区。自 2005 年以来，该码头的周边地区发生了翻天覆地的变化。迪纳与迪纳（Diener & Diener）、戴维·奇普菲尔德（David Chipperfield）和托尼·弗莱顿（Tony Fretton）三家建筑事务所设计的一排六幢塔楼，就位于该废弃码头的西侧。原来北侧的消防站，经过改造与扩建，现在已经是港务局新大楼（Havenhuis），这是由扎哈·哈迪德建筑事务所（Zaha Hadid Architects）设计的经典之作。在码头东侧的建成区，矗立着已经废弃的海关大楼。克里斯蒂安·玻列特

（Kristiaan Borret）是当时安特卫普市的建筑师，他监督了该地区 2010 年重建的设计竞标。该项设计最后由 Polo 建筑事务所和 Meta 建筑事务所联合中标。

经过分析，Polo 建筑事务所和 Meta 建筑事务所发现，建造于 20 世纪 70 年代的海关大楼，很难改造成为住宅建筑。Polo 建筑事务所的建筑师马罗·玻玻西尼（Mauro Poponcini）说："该建筑的结构，几乎没法让每个住宅获得足够的采光。该建筑位于地块的中央，旁边都是停车场和绿化地带。"因此，建筑师将这个老建筑拆除掉了，然后决定在大小为 113 米 ×106 米的地块上重新建造。如此一来，新建的项目将与周边的街区环境更加融合。新的建设

计划是复杂的：既包括商业空间，也包括住宅建筑。同时，对住宅的类型还提出了多样化的要求：住宅公寓、豪华的复式楼、艺术工作室和建设公司的社会保障房，以及针对老年人的服务设施。

设计中的关键问题是：建筑师们如何在占地一公顷的土地之上，实现40 000平方米的建筑面积这样的建筑密度，同时还要考虑采光和观景，使得建筑物的朝向达到最优化。Meta 建筑事务所的建筑师尼克拉斯·德布特（Niklaas Deboutte）说："在早期的设计阶段中，我们设想建筑物的底部有3层楼，里面有商铺、酒店娱乐、办公室、社会保障房，以及针对老年人的服务设施，其上面的塔楼结构是住宅公寓，分为四个板块。"根据城市管理

规定，四个板块与场地边界并不对齐，而是位于绿色庭院的中央，这样不至于在城市街景中显得突兀。

在建筑物的西侧，也就是卡腾蒂码头一侧，人们可以看到一条正在建设的有轨电车线路，它未来直接通往港务局新大楼。计划是新建一条具有拱廊的商业街道。在建筑物的南面，建筑物的底座是两层社会保障房，人们可以从街道进入。所有的这些住宅公寓，都有宽敞的台阶。建筑物的东侧入口，主要考虑泊车人士和老年人的需求。建筑物的北侧，是一片空旷的地带。该建筑物的绿色庭院，即将建造在此。此绿色庭院由德克·万德科侯弗（Dirk Vandekerkhove）景观建筑事务所设计，将附近的街区广场（由来自比利时的

所有的公寓都有阳台或屋顶露台。
建筑物后方的背景是扎哈·哈迪德设计的"港口之家"。

> "建筑的朝向与观景，
> 是主要的设计考虑因素。"

PTA 建筑事务所设计）联系起来。生活照料服务设施的公共空间，比外侧街区高出半层楼，三面有玻璃墙环绕。这样，住户们便可以饱览街区广场的美景。

　　建筑物上部的四大住宅板块，每个块体为 42 米 ×18 米，高 32 米。这种设计造型，能够有利于室内观赏外面的全景，同时也能够最大限度地保护住宅隐私。在每层楼，有 8 套住宅公寓。分布在建筑物四角的四套住宅公寓，每套则各有 2 个层高三米的阳台。设计师选择加长的核心筒结构与承重外墙结构，这样便于必要的时候调整住宅的组合配置。其中三大住宅板块，既可以从街区入口进入，也可以从绿色庭院入口进入。另外靠近卡腾蒂码头一侧的住宅板块，只能从街区的入口进入，缺乏双向联系。

　　建筑物的立面由连续的混凝土楼板组成，但是在有窗户的地方，被带角钢的砖柱分离开来。每层楼面的阳台凸凹不齐，有利于改善室内的入射光照。屋顶楼层的建筑高度为 3.6 米，这样有可能营造多样的室外活动空间。例如，可以在角落设置一个室内露台，这样顶层的阁楼能够遮护屋顶花园，通过设置一段室外楼梯到达露台上方，便于饱览城市与港口的绝妙风景。

　　建筑师玻玻西尼认为，该项目优先考虑让住户具有丰富的体验感。"我们要做的事情，绝不是基于标新立异而设计出奇形怪状的东西。相反，我们在设计项目时是基于这样的想法——让未来的住户不只拥有几平方米空间。建筑的朝向与观景，是主要的设计考虑因素。"对于 Polo 建筑事务所和 Meta 建筑事务所而言，建筑物首要的是必须具有一个精巧的平面布置图。官方把这种建筑综合体称为"加的斯"〔Cadiz〕，它融合了高密度的城市建筑及多种混合功能。城市街区的传统形态，是三面街道环绕，另外一侧则是街区广场，其内部封闭的空间通过几个手段改造，便成为开放的场所。德布特强调说："街区改造的效果，其复杂性远大于在城市规划中对孤立式的住宅塔楼进行设计权衡。建筑不仅是一个形象，它创建了一个实体环境。与码头另外一侧环绕六个塔楼的花园不同，本建筑的封闭式绿色庭院给人一种安全感。"

　　加的斯这个项目对于比利时而言，是独一无二的。作为设计讨论的案例，它恰逢其时，这个讨论中的问题是：如何在实现城市建筑密度的同时，保持拥有建筑采光与观景的体验？

polo-architects.be, meta.be

公共的庭院花园地形起伏，种植有桦树和丛林植被。
它部分悬垂于商业活动空间之上，后者的空间纵深比
其余的建筑部位大，并且延伸进入庭院。

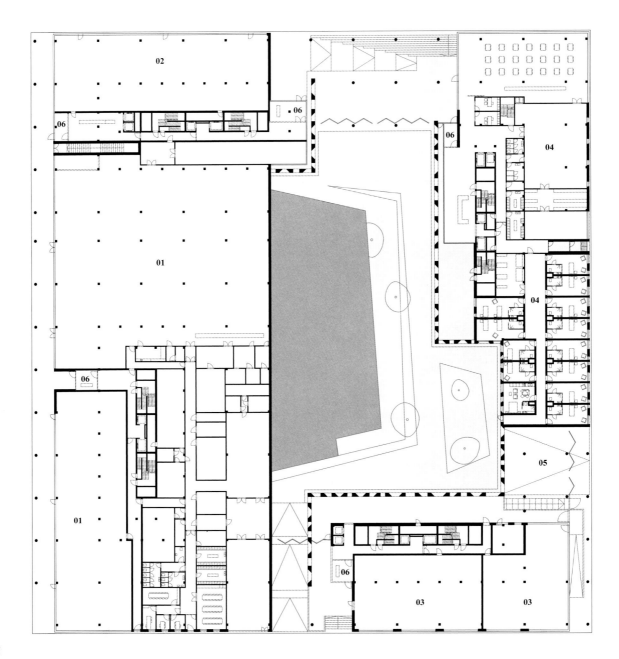

01 商铺

02 咖啡店 / 餐馆

03 办公室

04 住宅设施

05 停车场入口

06 公寓入口

07 社会保障房

上层的住宅公寓可以观赏到公共的庭院花园及周围城市的景色，包括背景中的左侧建筑物，即新范德斯卓姆（MAS）博物馆，由鹿特丹 Neutelings Riedijk 建筑事务所设计。

+1

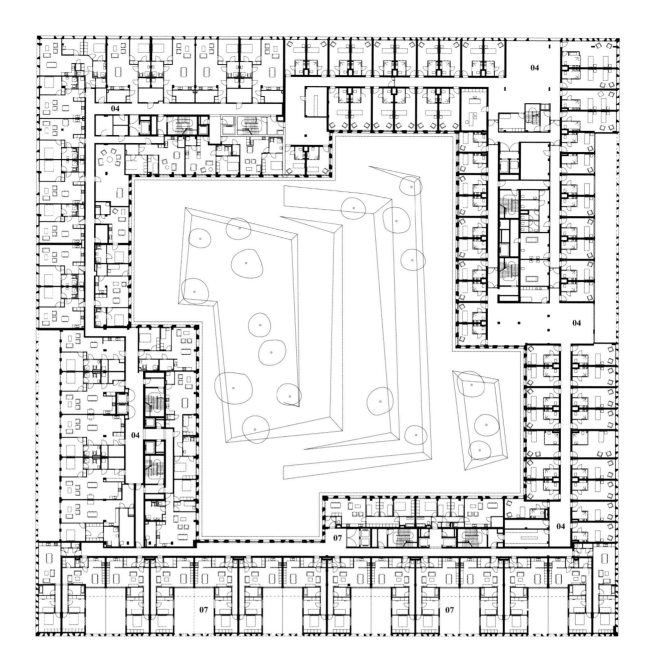

横剖面

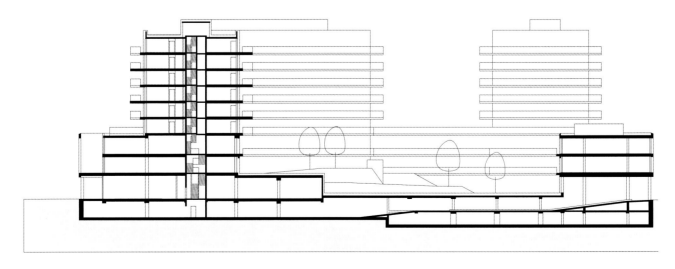

+4

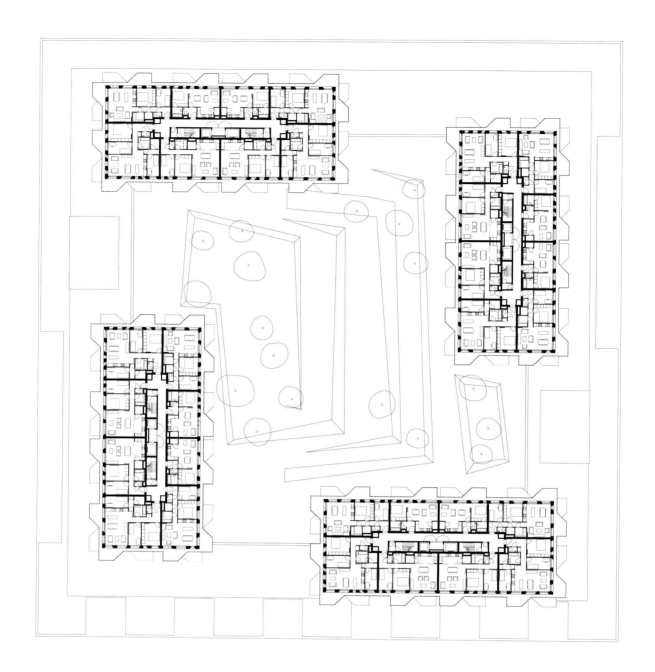

除了餐馆、咖啡厅、商铺及办公室以外，加的斯这个建筑综合体还包括 160 套住宅公寓、24 套复式住宅、32 套社会保障房、116 个辅助生活设施，以及专门为独居年长人士服务的、带有紧急救援保障的 48 个辅助生活设施。

+8

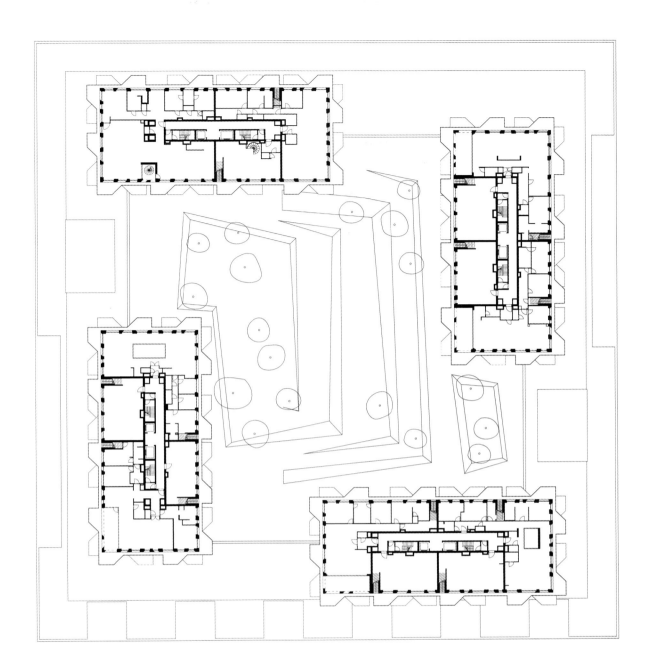

建筑物中的塔楼都退居建筑整体边界的内侧，因此在街景平面上它们并不显得突兀。

设计 "变形屋"

当进行建筑设计的时候，佐伊·普雷灵格和卢克·奥格雷迪雅克从日常生活的不同品质中获取灵感。

文 / 卡佳·特列维奇（Katya Tylevich）
图 / 夫顿与克罗（Hufton + Crow）
译 / 周典富

与两个陌生人同车的七小时——这是我最新一部心理惊悚片的名字。但是实际上，初次约会进展相当顺利。我和佐伊·普雷灵格、卢克·奥格雷迪雅克从旧金山开车到号称世界上最大的小城镇——里诺。两位建筑师在 OPA（奥格雷迪雅克和普雷灵格建筑师事务所）工作，他们刚在里诺设计建造了一座独栋住宅。当地人很简单地称之为"房子"。

我们翻过覆盖着皑皑白雪的内华达山脉，谈论着书籍、艺术展览、政治、音乐和电影。尽管我们并未直接谈论 OPA 的作品，但是我们已经触及了它的精髓。"文学、文化、电影、舞蹈和艺术，将我们的探讨引向更广阔的世界。"佐伊说。这番话令卢克回忆起他第一次去应聘工作。那是多年前，在"后现代主义垂死挣扎"时，他宣称："建筑当然是艺术！"结果他没被雇用。

2000 年，佐伊和卢克成立了 OPA，但他们说"我们 17 岁就相识了"，那是在 20 世纪 80 年代后期，那时他们还在普林斯顿上大学。"我们还能给彼此带来惊喜吗？"佐伊笑问。但是，他们的项目还是让他们惊喜。"人们不清楚事情将如何发展的时刻是值得铭记的，"她说，"因为那可能就是项目令人惊讶的时刻。"

我们从高速路下来，行驶到住宅区的道路上，沿途经过很多华而不实的独栋别墅。就在那时，我猛然意识到为什么人们称之为"房子"。在这座世界上最大的小城镇里，这些建筑并不属于这里，难道不是吗？"它是外来的，是一个舶来品。"佐伊说。

OPA 把房子称为"变形屋"。从心理学角度看，它参考了斯坦尼斯拉夫·莱姆的经典科幻小说《索拉里斯星》，书中人类面临广阔的未知领域时，往往能够更深入地认识自己。佐伊将好的建筑定义为"由无意识的感伤升华而来的灵感"。她将 OPA 的创作方法描述为"对由可能性和不确定性引起的震动和冲动的具体表达"。变形屋正是这一方法的独特象征。

变形屋为钢制几何结构，有 550 平方米。它源于所在地悄无声息的无意识的事物。它源于美国沙漠地貌的灵魂，源于天定命运、自主和前景、逃避和革新、赌博成瘾和一般零售店、郊外的田园生活、狂热的幻想和闪婚闪离，成为这片孤独、壮丽山脉的注脚。更准确地说，变形屋源于由本土植被和土坡组成的小岛，OPA 在另外两块平整土地上搭建。通过创建适宜的环境，OPA 取得了与环境相吻合的建筑效果。在这种地方，你可以书写属于自己的歌谣。"我十分确定，好建筑都有属于自己的故事。"卢克说道。

变形屋属于彼得·斯特里穆尔和特肯·斯特里穆尔（Peter and Turkey Stremmel），二人是艺术收藏家、经销商和当代画廊创始人。在和他们相处的下午，他们迎来了一货车的绘画作品和查克·阿诺尔迪（Chuck Arnoldi）的艺术作品。斯特里穆尔夫妇已经听到配送人员将包裹搬进变形屋时的喜悦之声，这些配送工人还会找准机会到房子里面偷瞥一眼。在这座房子的客房里，悬挂着一张照片《摩天轮》，是维姆·文德斯 2008 年在亚美尼亚拍摄的。他们就是这样的人。卢克和佐伊要做的是：挑战自我。

"现实就是许多不同的东西同时出现。"

卢克·奥格雷迪雅克和佐伊·普雷灵格
图 / 布鲁斯·达蒙特（Bruce Damonte）

这个变形屋与一栋栋华而不实的独栋别墅紧邻，与众不同。

钢架结构在变形屋的后面形成了一个天棚。

变形屋，2016

美国，内华达州，里诺市

　　这个变形屋是为两位艺术收藏家和交易商设计的，二人专门研究当代艺术作品和美国西部的艺术作品，并决定从里诺郊区的沙漠之地转移到城市。他们希望拥有这样一处房子。OPA 将基地重塑为沙丘和吹蚀坑，慢慢地，房屋的形状也跟地形完美融合。那时候，建筑师坚持将房屋的形状做成由平面构成的规则网格。本地土生的植物在此地占据主导地位，但是在房屋周边，则让位给其他植物。

从客厅看去，办公空间就像一个由钢筋混凝土建成的"飞行物"，借助两根柱子悬浮在空中。

客厅是一个阳光充足的大空间。

　　在变形屋内部，你获得的是运动和连续的感觉。"你会感到目不暇接，"漫步在房间里的时候，卢克和佐伊不断向我介绍。"它的理念是使眼球放松，"他们二人彼此深入交谈道，"当所有能看见的事物联系在一起的时候，你的注意力就会一直转移，而不会因为某一个事物停下来。"

　　卢克将变形屋描述成一系列的"回路"，可以从各种角度切入。实际上，人们可以从底层的客房漫步，抄近路通过高低错落的风景，再从底层西侧的露台回到房间；在许多感觉无路可走的地方，人们可以选择在变形屋中漫步。变形屋这种住宅形式传达了"畅通无阻"的生活理念，佐伊解释道，"一种原料融入另一种原料，居住空间融入景观"，公共空间融入私人空间。"相对于专属某一区域，我们将所有的区域融为一体。这就是我们理解的建筑学里颇具影响力的当代建筑理念。这就是自由的表达方式之一。"

　　站在客厅，彼得指着在我们头顶上方"悬浮"的办公区域，这个区域是由钢筋混凝土建成的"飞行物"，借助两根柱子悬浮在空中；在它的脊柱部位，有一个水平的嵌入式书房。从下往上仰望，这个办公区域是扁平的，让人感觉难以置信的舒适。

　　在楼上主卧和次卧间的平台上，向下看地板上的钢制壁炉会给人们一种多变的视角。"这是我们存在的价值，"卢克说道。"这是我们一直渴望做的事情，"佐伊说道。彼得说："我们的狗哪怕一下也不愿经过这儿。我们大多数的客人也是如此。"稍事停顿后，他说："我认为有压力是好的。"

　　主卧利用悬臂支撑，处在客厅之上。佐伊引用朋友尤尔根·迈耶（Jürgen Mayer）的话："悬臂是建筑学上的锦上添花之笔。"透过玻璃滑门，可以从这里向西看，越过城市的象征（公路、汽车和企业），看到内华达山脉。卢克和佐伊会原谅我将变形屋诗化，它的外形与对面起伏的岩石断层类似。它的无规则表明生活中的这类白日梦，会在特定时刻实现。

　　坐上回去的车子，耗时 3.5 小时回到旧金山卢克和佐伊生活工作的地方。"在建筑学上，使建筑物'怪诞'，

客房朝向变形屋的前面。

达到一些中产阶层理想，给自己的朋友留下深刻印象，是十分有压力的，"卢克盯着前方点亮黑夜的车头灯说道，"这太经常了！建筑是建立在能耗的基础上的。我认为部分批评性建筑正在减弱外部环境对建筑施加的影响。"

第二天中午，我们在旧金山风景优美的俄罗斯山附近的 OPA 工作室又见面了。从工作室出发，我们步行参观了 OPA 的另外两个工程项目。我们沿途经过了 20 世纪 20 年代由混凝土建造的车库的旧址，这里因在摄影师杰克·凯鲁亚克的照片背景中出现过而闻名。

2014 年，OPA 将这个建筑物改造成了住宅阁楼。一位阁楼的拥有者，"发觉对称布局令人厌恶，而且不喜欢所有事物保持静止的状态"，于是要求 OPA 将她 185 平方米的室内重新设计，这一建筑现在被称为漩涡。她要求室内设计充满活力，不要"迎合基本的居住功能"，但最为重要的一点是，重新设计的房屋可以让她"理清自己的思路"。

漩涡外观的设计看似是一个与预期相比轻而易举的转变。这是另一个精心的构思，体现出 OPA 对永恒运动的尊重。从技术角度讲，卢克认为漩涡是"违反数学宇宙"的产品，是一连串的融合棱镜。从认知角度讲，"所有的事物与你所设想的总有千差万别；这就是一个世界里的另一个世界"，流动设计促使自身思绪平静。

步行 15 分钟后我们来到电讯山，抵达 280 平方米的隐秘之所。它巧妙地用雪松木板装饰外立面，从而隐藏了内部的多样性。穿门而入，垂直的构建特点，从中间将区域一分为二：左侧由碎片构成，这些碎片的材质有钢铁、混凝土和木头；右侧（与大脑的创造力和想象力联系在一起）整个被涂成充满生机活力的"北加利福尼亚州"蓝。

在 OPA 及其委托人（一个企业家和一个艺术家）在变形屋上使用蓝色之前，蓝色已被大多数的艺术家使用，其中包括弗朗茨·韦斯特（Franz West，"太过柔和"）和卢克·托马斯（Luc Tuymans，"太过比利时式特点"）。在我们逐步往上参观的时候，发觉设计师将两部分有机整合为一个整体，从最底层的工作间，穿过一层的生活区域和厨房，最终来到最上层的主卧。卢克强调变形屋的"不规则的几何风格"，以及 OPA "仅仅规划，不要试图解决"空间的意图。在设计这个复杂的作品时，建筑师强调要保持一种天马行空的状态。"这个作品有一种分裂的特质。"佐伊说道，那时我们刚好到达天台，准备稍事休息。"建筑学尝试设计中规中矩的东西，传达千篇一律的设计理念，"她进一步说道，"我们对拼贴更感兴趣，在两种或更多种相近的特征间转化，从而与众不同。"我问道："这可以用来形容 OPA 的所有项目吗？"卢克和佐伊听后，彼此交换了一下眼神。

"现实状况是大量不同的事物同时存在，"佐伊说道，"我们已经将其内化为一个完整的小故事，一个完整的小模型。"

oparch.net

主卧提供一个视野极佳的观赏点，在这里可以看到里诺全景和远山的景致。

+2

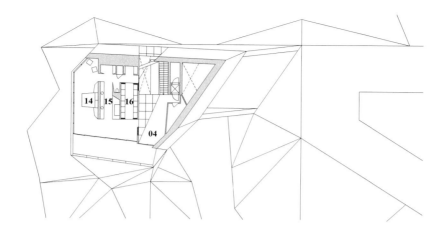

+1

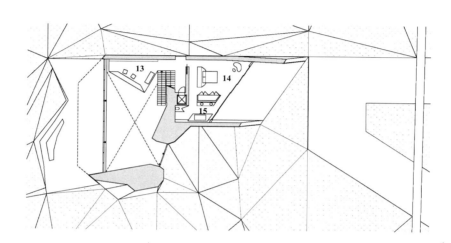

01 入口
02 酒吧
03 车库
04 走廊
05 机械装置
06 公共设施
07 狗舍
08 食品储藏室
09 客厅
10 餐厅
11 厨房
12 平台
13 书房
14 卧室
15 浴室
16 步入式衣帽间

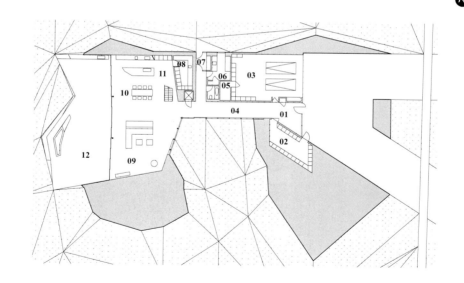

纵剖面

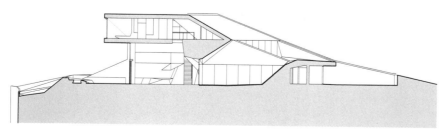

主卫的风格和其他房屋的风格一致。

"无心插柳柳成荫。"

横剖面

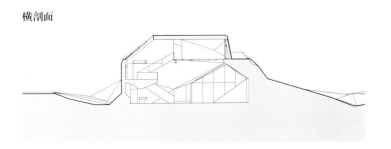

"漩涡"，2016

美国，加利福尼亚州，旧金山市

2014 年，OPA 将 20 世纪 20 年代由混凝土铸造的车库改造成了住宅阁楼。同年，"漩涡"的主人购买了一处未建完的公寓，并雇用 OPA 来设计一个阁楼，要求在充满历史色彩的建筑里体现"展望未来"的主题。住宅的主人要求制定一个开放性的规划，没有内部界限，同时要求入口免受来自公共大厅的干扰。靠近入口的"漩涡"使得新的墙壁与阁楼排成一行，从而成为"漩涡"空间的有机组成部分，搭建一个私密感强的前厅。"漩涡"收紧，在头顶上方呈开放式，后逐渐消失，最后化为大型的褶皱形态，分散到原有的垂直围墙上。

巨大的钢桁架在内部仍然可以看得到。

厨房家具被融入所谓的"漩涡"之中。

平面 ⚲ **N**

01 入口
02 影音室
03 厨房
04 公共设施
05 餐厅
06 客厅
07 自习室
08 卧室
09 浴室

"漩涡"也可以造就浴室的空间。

"当你不清楚事情将如何发展的那一刻,也就是这项工程将给你带来惊喜的时刻。"

影音室紧挨着入口。

酒吧低调的外表下隐藏着丰富多彩的内部环境。

隐秘之所，2016

美国，加利福尼亚州，旧金山市

　　这所服务于一位企业家和一位艺术家的房屋的建立，是与周围居民妥协的结果。因为受拥有话语权的社区的干涉，这所房子在外表的设计上被严格控制，所以他们只好稍加掩饰，借此来隐藏内部建筑风格的天马行空。所做的掩饰看起来十分单调乏味，它将无处不在的旧金山的飘窗抽象化，并用密集的雪松材质的围板覆盖掉整个前脸。这些雪松木板在飘窗处弯曲，以便外面的客人可以瞥见室内。在围板后面，这个房屋有一点分裂的特质。垂直流通区域被安排在一边，相对多样化的水平生活区域则在另一边。天窗在这两个区域间形成了一个裂缝，强化了这种特质。这两块区域有不同的特点，一边用特有的原料强调，另一边则用柔和的蓝漆粉饰。

在私密的后花园，相邻的房屋被涂上耀眼的颜色。

醒目的楼梯井被涂成了淡蓝色。

客房建在坡道上，顺坡而下，便至地下车库。

"悬臂是建筑学上的锦上添花之笔。"

窗帘将带有天窗的楼梯井与主卧隔离开来。

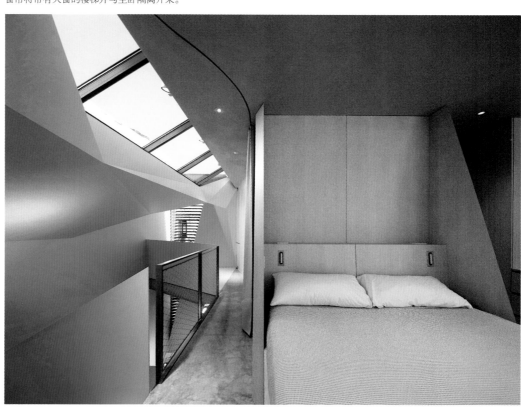

一楼的客厅采用网状的
金属天花板。

横剖面

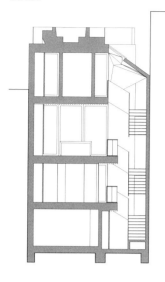

01	车库
02	艺术工作室
03	入口
04	卧室
05	办公室
06	花园
07	客厅
08	餐厅
09	厨房
10	书房
11	浴室

屋顶平台提供了一个观赏俄罗斯山和金门大桥极佳的视角。

纵剖面

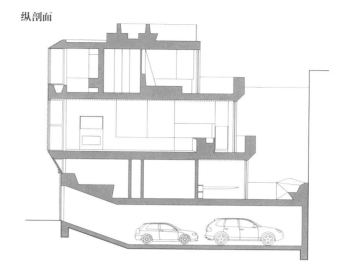

+2

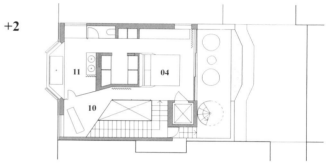

+1

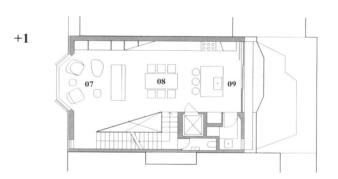

0

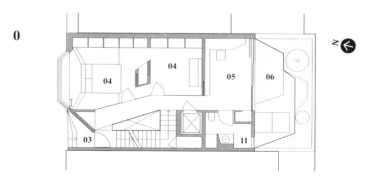

-1

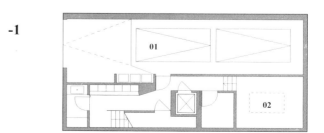

再造拉斯科岩石博物馆

文 / 迈克尔·韦伯 (Michael Webb)

图 / Lue Boegly & Sergio Grazia

译 / 周典富

建筑顶部的设计传达了一种"断层"的概念，即景观中有一个裂缝。

从威尼斯到复活节岛，大众旅游征服了世界宝库，也正在缓慢地破坏它们。拉斯科旧石器时代的岩石艺术是最好的例证。这批岩石艺术在1940年被首次发现，洞穴在1948年向世人开放，而在几年之内，游客呼出的气体和自身的热量导致菌类和青苔在洞穴内大肆生长，这使得艺术品的外形严重受损，要知道这些艺术品已经完整无损地保存了至少1.7万年。我足够幸运，能够赶在1963年禁止对外开放前欣赏到它们，这个经历至今仍萦绕在我的心头，但是现在有一点是十分明确的，那就是人们再也不能看到它们了。在开放旅游观光的15年里，人们对岩石艺术造成的损坏，现在已经不会再出现，但是科学家们无法保证是否能够控制住损坏的趋势。

令人高兴的是，现在有一个备选的保护方案：拉斯科洞窟4号博物馆，坐落在多尔多涅省的蒙蒂尼亚克和森林山之间，保留了洞穴壁画的原貌。拉斯科洞窟2号是一个局部复制的场馆，位于原址的附近区域，拉斯科洞窟3号是一个供世界各地巡展的复制品；新落成的博物馆在规模和展品数量上都有所缩减。挪威的Snøhetta建筑设计事务所赢得了2012年的投标，组建了一支由建筑师、园林设计师、工程师、法国当地的建筑设计事务所和伦敦艺术公司组成的团队。团队成员耗时2天时间，在原址附近调研观察，设想采取何种措施能够保证博物馆的建设工作比较容易、有序地进行。森林山是一个保护区域，这里不允许搭建建筑物，但是该团队打算尽可能将博物馆建设在离森林近一点的地方。

与此同时，他们设计了整体的方案，即在森林山底部的缓坡上弄3个切口，并嵌入200米长、70米宽的混凝柱，柱子从10米高逐渐递减至与地面平齐。这表明天然岩石有露出地面的部分，与蒙蒂尼亚克建筑物所使用的淡黄色石灰岩相比较，颜色显得更为明亮。建筑师打算将这部分岩石融为一个整体，并在其表面覆盖一层钢架。这样的话，对于景观和图画的亮色而言，它就可以起到过渡的作用。

为了保证复制品的真实性，建筑师穿戴着防护服、手套和面罩进入拉斯科洞窟。"这真是一次有震撼力的体验，"Snøhetta建筑设计事务所的工程负责人说道，"当洞窟门打开的那一刻，你就进入了黑暗之中。我们被洞窟里精美的绘画深深地吸引，尽管我们通过复制品已对它们很熟悉；当你打开手电筒，放在几乎与墙壁平行的角度，就可以体验到狭窄陡峭的空间戏剧感，观赏到极为精致的雕刻。"

Snøhetta建筑设计事务所已经在它参与设计的大多数建筑中，规划了建筑长廊，这些建筑包括挪威的奥斯陆歌剧院、纽约911事件纪念博物馆的进展区入口。这里，整个建筑群由一系列的区域组合而成，中间有环状通道连接，以此增强游客对景观、艺术和建筑的观赏体验。"我们想强调身体运动的重要性，体验光明和黑暗、不透明性和透明性、粗糙的混凝土和光滑的玻璃带来的不同体验，"Veslegard解释道，"这里为人们营造了一种剧场的氛围，人们由此可以从一种环境转换到另一种环境，感受它们带来的不同。"

接待厅面朝蒙提涅克。

在有天窗的广场内部，地层变身为倾斜的混凝土墙体，如此一来就收到了将洞窟空间戏剧化、抽象化的效果。

经过高大而光滑的外立面人们就进入了接待大厅。向导会以 32 人为一个团队，带他们坐电梯来到风景如画的屋顶，在这里人们可以全角度地领略森林、城镇和韦泽尔峡谷的优美景致。沿着斜坡而下，便将你带进一个狭窄的裂缝，准备进入复制的洞窟。观光团从这次身临其境的体验中抽身而出，进入一个有 12 米长的绿色墙壁和小瀑布的庭院。这个庭院作为一个降压室，为游客们在炎热的夏天提供一种清爽的感官体验。在那里，

人们可以仔细观赏带有解释性质的展区，艺术作品从天花板上使用钢拉杆悬吊下来，通过五彩斑斓的颜色加以呈现。其他的展示区域由一个有天窗的广场连接，地层形态是由倾斜的混凝土墙体形成的，如此一来就收到了将洞窟空间戏剧感抽象化的效果。三个展区深入探索了洞窟绘画作品的历史；紧邻的空间包括一个 3D 影院，影像展示的是全球化视野下的拉斯科。在更远一点的地方，是艺术家们举办的艺术作品变迁展览和当代

艺术展，这些艺术家被旧石器时代的艺术作品深深地感染。建筑走廊的起点即是它的起点，回到接待大厅，这里有必不可少的礼品店和咖啡店。

为了重现洞窟原貌，建筑师们将艺术作品映射到洞窟的 3D 计算机模型上，并稍加调整，从而方便轮椅在这个复制的洞窟内使用。这就需要建筑师们按照政府颁布的要求，加宽狭窄缺口，减缓斜坡的坡度。上部光滑的石灰岩以钢架结构替代，这个框架使用纤维玻璃加固、树脂固载技术。框架的每一部分由临时工作室——由艺术家组成的团队，根据三个方向投射的数字图像为依据，加以涂饰，从而弥补地面上不规则的地方。如此一来，所有的截面都无缝衔接。

一位法国专家卢米埃 8 分 18 秒的设想，设计了一个照明系统，这个系统内含 200 个隐蔽的照明点，由向导的传感器激活，这样灯光就会随着每一个观光团队的移动而移动，将空间之前之后的部分置于黑暗之中。为了取得良好的音响效果，团队还邀请了一名声学顾问调节声音强度，调适洞窟的转弯处，从而保证每一个观光团队，在分开的 6 分钟里，彼此之间是看不到也听不到对方的。考虑到拉斯科洞窟存在缺陷的状况，艺术作品和洞窟的数字复制成果也许比原型更为精美，而且复制品还可以让游客欣赏到每一个细节的特写画面。

复制品已经创造出一个新的现实。关于数字复制的创意产业正在快速发展，其中一家位于马德里的公司处于该产业的领先地位。这家公司已经制造了古典绘画作品的精确复制品，目前正在复制埃及法老图坦卡门的坟墓。瓦尔特·本杰明（Walter Benjamin）颇具影响力的论文《机械复制时代的艺术作品》（*The Work of Art in the Age of Mechanical Reproduction*）探讨了真实性的问题，在数字化时代，这个问题更加令人费解。有一件事情是确定无疑的：Snøhetta 建筑设计事务所已经建成了拉斯科洞窟的复制品，本着尊重自然和人为环境的原则，通过对比来提升它的内部设施和环境。同时，该事务所也为民众提供了一次终生难忘的体验，即领略洞窟内部如此魔幻的艺术作品。

snohetta.com

以绿色墙壁和小瀑布为特征的庭院，成为
观赏洞窟和随后展厅之间的过渡。

L'atelier de Lascaux
The atelier of Lascaux
El taller de Lascaux

对这个工程而言，佩里戈东复制工作室完成了
900 平方米的复制品，其中有约 500 平方米是对
拉斯科洞窟墙壁的十分精确的重建。

横剖面

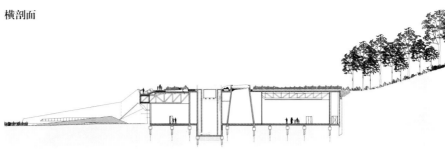

平面

拉斯科洞窟原址规划

图 / Norbert Aujoulat / MCC-CNP

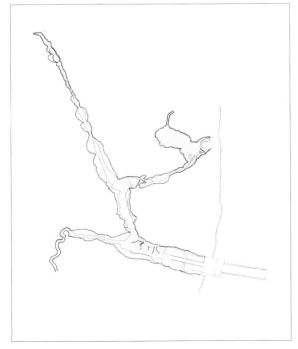

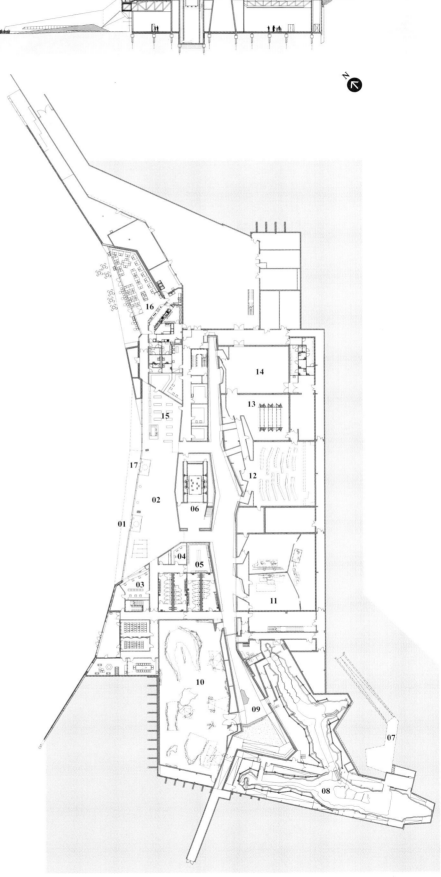

新加坡绿色生态酒店

由新加坡本土建筑事务所 Woha 打造的位于
新加坡市的豪亚酒店，在许多方面都十分突
出，举例来说，生态环保就做得十分用心。

文 / Yen Ping Chua

图 / Patrick Bingham-Hall

译 / 周典富

在施工结束后一年的时间里，这些绿色植物在酒店外墙上长势喜人。

花盆定期由专人沿着每楼层的外缘摆放。

棚架后面是窗子，这样可以保证植物生长不受约束。

客人可由俱乐部到达 20 层的空中花园

5 楼的天空花园，为办公提供服务。 11 楼的天空花园，向标准间的客人开放。 26 楼的天空花园，有两个泳池，向所有入住的客人开放。

"在外墙上使用绿色植物的建筑物，
需要一些时间来证明自身。"

在外墙上使用绿色植物的建筑物，需要一些时间来证明自身。在搭建完成后，这些植物通常只是一些嫩芽，这些植物是枯萎还是繁荣，在第一年就会显现出来。

位于新加坡的豪亚酒店，由新加坡本土建筑事务所 Woha 打造，是近年来的一个案例。在过去几个月的施工过程中，酒店外墙以极短的时间发生了翻天覆地的变化。在 2016 年 4 月，当火红色的建筑竣工的时候，它就像一个引人注目、色彩缤纷的圆柱矗立在灰色摩天大楼群之中。外墙上的铝材网格，有五种不同程度的红色，容易吸引沿街行人的注意，街道两边是成排的店铺，位于丹戎巴葛选区，该选区保留了新加坡过去一些较为罕见的遗迹。

在施工结束后一年的时间里，叶子疯狂地生长，几乎遍布这座高达 190 米的建筑，是建筑和自然的一次完美结合，令人惊叹不已。在鲜红的铝制金属网的映衬之下，21 种攀缘植被显得青翠欲滴。它们看起来错落有致，这些植物的使用是花了许多心思的。在现场考察期间，Woha 的建筑师 Phua Hong Wei 解释道，他们根据植物对光照、风力，以及不同高度微气候的适应能力，将这些植物分别放置在酒店四面外墙上，逐渐形成色彩明艳、纹理相异、如马赛克般的立面效果。一年中不同时节，绽放的鲜花为高楼增添了五颜六色的色彩。匍匐植物种植在近 1800 个玻璃纤维填充的小盒子，由专人沿着每楼层的外缘安放在外墙的后面，这样就可以建成一面苍翠繁茂连绵不断的植被墙。

占地 2500 平方米、位于市中心的豪亚酒店，包含办公室、旅馆和俱乐部。这三个功能由 Far East Soho 简明地设置在一起。这是新加坡最大的私人房地产开发商。典型的摩天楼，差不多都会在同一楼层堆砌许多项目，在中间设置公共空间，从而供不同参观团队使用。但是 Woha 建筑事务所不会使用这种切分的操作方法。

建筑师将建筑的结构核心放在四个角落里，从而节省出了中央区域，并作为绿色空间。在街面上的旅馆和酒吧，以及占用了四楼空间的停车设备，

共同组成了高楼的楼基。三幢楼均为 L 形的楼面布置图，每一个旋转 180 度，和相邻的项目联系，彼此堆积在一起。这里有 100 个办公室，在较低的楼层称之为 PS100。每一个 46 平方米的空间都有 5 米高的天花板。中间楼层拥有 224 个标准的旅馆客房，高楼层拥有 90 个较大的俱乐部房间，这都是酒店的一部分。

在 5 楼、11 楼、20 楼，拥有所谓的天空露台：大型的门廊向两侧开放，使用 33 种绿色植物美化景观。这些架高的门廊，作为共享空间，配备了休息厅、会议室、草坪和泳池。房客有极佳的观赏视野，可以将天空露台、整个城市的风景一览无余。贯穿建筑的门廊，可以使微风通过，带来新鲜空气，为房客提供通风。

"客户接受了最初的规划草案，" Phua 说道，"因为他们意识到高楼将成为丹戎巴葛的地标。我们也意识到在四个露台那里有额外的开放式的毛地板。"除了这些考量，Phua 进一步解释道，这个整体的绿地空间，使得房客在混凝土营造的城市环境中，有令人惊喜的住宿体验。

皇冠假日酒店（新加坡樟宜机场），配有令人愉悦的绿色中庭；宾乐雅酒店，唤起人们对巴比伦空中花园的想象；市中心的豪亚酒店是 Woha 建筑事务所在新加坡设计的第三家酒店。这座城市也从最初的"花园城市"（城市景观中花园随处可见），发展到"花园中的城市"（花草树木比建筑物的数量更为突出）。不同之处也许是比较微妙的，但是它表明将更多的常见绿色植物和生物融入城市环境中。游客待在市中心的豪亚酒店，可以直接体验到这种改变。

"酒店对于提升新加坡花园城市的形象是极为有益的。"Phua 说道。伴随着第三家酒店的落成，Woha 建筑事务所在一定程度上对这种形象的强化是有贡献的，同样，也为新加坡特殊类型酒店的规划设计提供了一种全新的思路。

woha.net

+5

01 办公室电梯
02 休息室
03 集合点
04 健身房
05 水上健身中心
06 泳池
07 泳池甲板
08 餐厅
09 倒影池
10 工作电梯

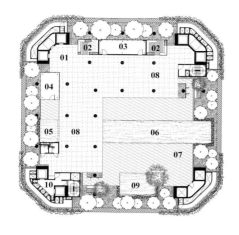

+12 ～ +19

01 客房电梯
02 客服
03 工作电梯

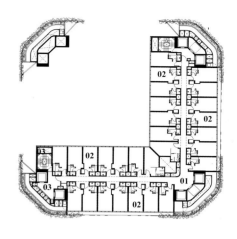

+4

01 办公室电梯
02 酒店电梯
03 停车场
04 工作电梯
05 机械和电力设施

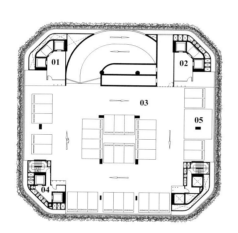

+11

01 酒店电梯
02 门房
03 酒吧后面的旅馆
04 健身房
05 客房电梯
06 多功能厅
07 阳台
08 户外休息室
09 草坪
10 休息厅
11 工作电梯

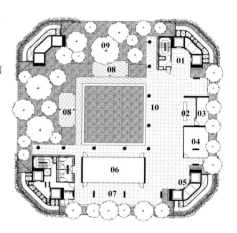

0

01 下车点
02 办公室电梯
03 酒店电梯
04 旅馆
05 酒吧
06 厨房
07 工作电梯
08 装货间
09 停车场车道

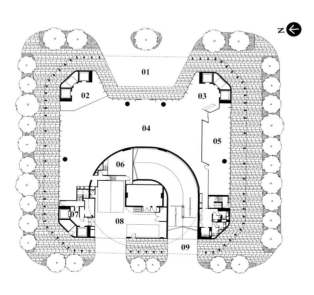

+6 ～ +10

01 办公室电梯
02 写字楼
03 工作电梯

+26

01 酒店电梯
02 俱乐部房间电梯
03 客房电梯
04 旅馆
05 泳池甲板
06 泳池
07 厨房
08 更衣室
09 工作电梯

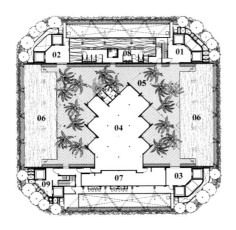

+21 ~ +24

01 俱乐部房间电梯
02 俱乐部房间
03 工作电梯

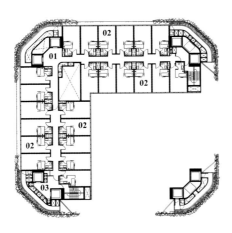

+20

01 酒店电梯
02 俱乐部休息厅
03 厨房
04 门房
05 俱乐部房间电梯
06 露天亭
07 泳池
08 浅水池
09 悬挂的种植台
10 泳池甲板
11 工作电梯

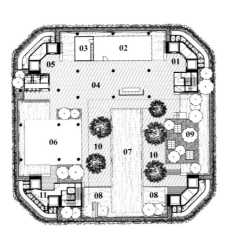

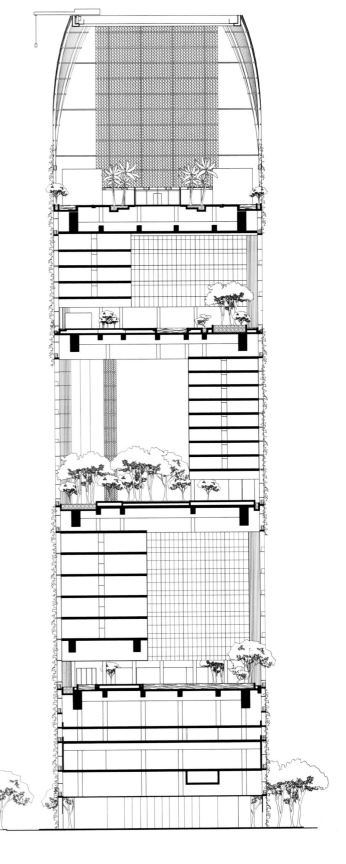

建筑师的成功跨界

尼克・列维（Nick Leavy）属于那种少见的建筑师，
他在现实世界、游戏、电影方面都有建树。

文 / 奥利弗・泽勒（Oliver Zeller）
图 / 尼克・列维
译 / 余燚

尼克・列维
图 / 亨里克・罗斯曼（Henrik Löthman）

"我早就觉得自己不会成为一个传统建筑师。"

在位于伦敦、专门设计休闲中心的 LA Architects 建筑事务所工作了 6 年之后，尼克・列维找到了一份更具有挑战性的工作，踏入了建筑的视觉领域。他的第一个媒体设计项目就是索尼的 PlayStation Home 游戏平台。这个三维的社交媒体在 2008 年至 2015 年吸引了 4100 万用户，是 PlayStation 游戏的"第二人生"。列维来到了斯德哥尔摩，加入了以"战地"（Battlefield）系列游戏而知名的游戏制作公司 DICE。在这里他成为玻璃之城（City of Glass）的主要建筑师。

在完成了"镜之边缘"充满雄心的设计之后，列维又完成了由盖文・罗瑟里（Gavin Rothery，电影《月球》的联合制作人和设计师）导演的科幻题材的英国独立电影《档案》（Archive）的设计，将他的实践拓展到了虚拟现实领域。这是一个直白的公司名，就像列维一样一直在质变。被过去推动，走向未来，他的思维一直与建筑角力，让人隐约联想起建筑师戈登・马塔-克拉克（Gordon Matta-Clark），也许也代表着新一代的建筑师。

你的建筑之旅是怎样开始的？

尼克・列维：我最早对空间的记忆是在看 1939 年版的《绿野仙踪》的时候。那时我大概是 4 岁或 5 岁，不断地回看黑白画面插入彩色印片，从这个令人惊奇的地方开始了我的建筑之旅。我当时并不太懂那是什么，但是觉得很有趣。

引导我进入建筑领域的是我母亲，她是一名设计师。当时是 1994 年，还没有游戏或电影场景设计课程。于是我选择了建筑学，但是我早就觉得自己不会成为一个传统建筑师。很显然电影与建筑之间有清晰的联系，但是并没有太多人感兴趣：时机不太好。我最开始做建筑设计的时候，甚至要为劝服他人用三维工具从一个新的视角来表现建筑而斗争。

我在 LA Architects 建筑事务所工作了 3 年后，开始用 Lightwave 3D 软件为客户或竞赛制作一些简单的建筑影片。做得挺成功的，我们因为这些动画赢得了一些大项目，但是也有无法真正设计一些东西的遗憾。我想要设计，想要有创造力，希望建造不同的世界，跨越那些传统的建筑学界线。那是从院校出来坠入建筑的真实世界后充满挫折的 6 年。我在心里告诉自己，有些像我一样的人，如约瑟夫・柯金斯基（Joseph Kosinski）、提诺・沙德勒（Tino Schaedler），他们能做到，我也可以。于是我加入了 Lockwood 公司，开始

做索尼的 PlayStation Home 游戏平台。

你在 PlayStation Home 游戏平台项目中做了哪些工作？

我们基于特定的知识设计了大部分的游戏主题空间，比如 Uncharted、Resistance、Infamous；从尼泊尔的某处到某座奢靡的岛屿公寓，就像肯・亚当（Ken Adam）在电影《金枪客》（The Man with the Golden Gun）中的场景。PlayStation Home 游戏平台把这些小区域重新组合。每一处都被特别浓缩了——可以在其中穿梭享受美丽的景观，并且与各种互动点和迷你游戏安排在一起。每一项工作都有不同的地方可以让人全身心投入。

你的工作与传统建筑师有什么不同？

从创造性的角度来看是非常棒的，真正的解放。一个不同在于，我们要收集数量庞大的参考资料来创造第一张图片。由于这些空间是虚拟的，我们必须先设计好背景，重新组织一切并为空间创造一种历史感，以增强可信度和更接地气。

还有玩家视角的虚拟现实也需要设计，即 PlayStation Home 游戏平台里的第三人称。从建筑的角度出发，总有种把镜头拉远的本能，但在 PlayStation Home 游戏平台里面这根本没用，因为你永远不会从这种角度观察。我必须强迫自己在镜头前工作，沉浸在空间里，以那种观察视角来设计。我们也会导出三维网格到实时引擎并试着在模型里走走看看，如此来反复更新空间设计。最终会感觉很自然，在正确的道路上前进。

还有，传统建筑师缺乏叙事化和感性化的背景。我必须忘记很多在建筑学专业里学的东西，把自己与它们脱离开。

那么什么使你从传统建筑学转到虚拟建筑？

现在回头看，传统建筑学在我内心中扎根的是细节设计。我以前从未真正对细节感兴趣，而且倾向于忽略细节。在 LA Architects 建筑事务所时我被安排处理细节，而这项任务让我理解了建造，以及各种构件是如何组装到一起的。

我认为，建筑设计要求你全身心地投入，你设计的东西就是它本身。而在 PlayStation Home 游戏平台中，90% 靠研究，10% 靠自由发挥。

模型

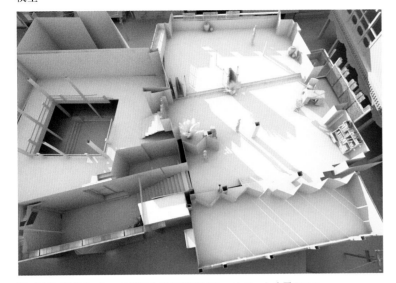

财富猎人的套房

Uncharted 主题空间，2010 年

    Uncharted 主题空间是一个非常受欢迎的、以周游世界为主题的动作冒险类电子游戏系列，主要以印第安纳·琼斯（Indiana Jones）和马可·波罗（Marco Polo）的旅行为灵感源泉。在这个游戏系列中玩家扮演的角色是内森·德雷克（Nathan Drake），一个财富猎人，而财富猎人的套房是专门为 PlayStation Home 游戏平台创造的 Uncharted 主题空间之一。

图 / 尼克·列维 /Lockwood 发行公司 / 顽皮狗（Naughty Dog）公司 /SCEA

平面

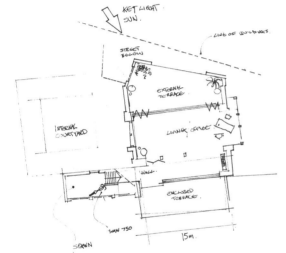

游戏画面截图

在 PlayStation Home 游戏平台之后，你开始为"镜之边缘"游戏构思玻璃之城。

DICE 公司为了"镜之边缘"游戏很早就让我开始设想背景城市有哪些可能性。与首部"镜之边缘"作品（2008 年）不同的是，这部游戏中没有载入画面或者可以从一个穿越到另一个的分开的线性关卡：这是一个开放的世界。这是一项需要大量努力的挑战，能与这样的天才团队合作真是一项殊荣。

概念设计的工作是从零开始的，持续了 3 年才组建出来。我为这个项目做了成千上万次的渲染，包括大量的迭代。那是我虚拟建筑设计职业生涯中很大的一部分，也相当折磨人，我相信那是 AAA 级别的游戏开发。（AAA 是一种非正式的电子游戏级别，指开发和营销成本一般为 1000 万到 2000 万美元甚至更多的电子游戏。）

作为一款跑酷游戏，你是如何把活力和能量注入建筑中去的？

这要追溯到爵士乐的影响：将鼓点、韵律、节奏表现在空间中。大学期间我很迷架子鼓和独奏。韵律感很好的鼓手会说他们很难解释自己为什么与其他乐手融合，因为那是直觉性的即兴发挥过程。这就像我的建筑设计，与场地背景、成比例的线和面都融合，很难解释这些东西从何而来。

有些建筑融入了景观，有些感觉像是降落在地上再向上延伸的。一开始火车站有流畅的、融合在一起的翅膀和座舱罩。那是从新现代主义变化出来的流线型结构，带有活泼的元素。要把这些东西设计得活泼又优雅，还得把关卡设计在其中，这是非常难的。有时在你设计了一些完美组合到一起的东西后，不得不为关卡设计移除一些，这样就打破了建筑。就这样持续不断地打破再重建，最终组合到一起。但是如果把最初的设想与最终的游戏比较，会有很明显的不同，因为有大量的推敲修改。

为了将建筑设计与游戏设计融合在一起，你还面临了哪些挑战？

我以为游戏会是建筑设计可以狂欢的地方，但是有时它们是互不相干的，因为游戏最终是基于游戏设计的，从某种意义上说只是给游戏环境加了层皮肤。我记得你在"镜之边缘"游戏文章中写的，它就像立面而已。我努力尝试让它显得可信且有趣，但是要在虚拟世界中实现这一点是极大的挑战。

建筑学专业出身的我，自然而然地有一种尺度观念，但是在虚拟世界中，我发现这是另外一种完全不同的语言。在渲染画面看上去效果很好，但是在游戏引擎会感觉你在同时处理不同的时空。所有的东西看上去都小一些，因此要设计优雅的、尺度适宜的建筑，或是实现流畅动感的建筑语言，就变得很难，因为所有东西都变形了。

当玩家在"镜之边缘"游戏中移动时，我想速度大概是每秒 7 米或 8 米，相当快。如果以这种速度在传统空间中移动，1 秒就穿过一个房间了。在 PlayStation Home 游戏平台中也一样，很难调试。游戏世界更需要强迫透视，尤其当你设计一些有很多角度的动感的东西时。所有的东西都会挤到一起，因此更适用的空间还是简单点的矩形空间。

你在电影中的工作经验是什么样的？

20 年以后，我从建筑设计转向我真正想做的电影设计。我是盖文·罗瑟里的电影《月球》的粉丝，能与他在电影《档案》中合作真是太棒了。作为一个概念设计师，他对电影视觉设计有独特的视角和理解，这在他的艺术指导和工作流程中都表现得很明显。我与盖文一起工作了 3 个月，为电影故事中的背景世界做了一些早期的概念设计。由于对电影和场景设计的兴趣，还有为"镜之边缘"游戏做过场景设计，我很自然地陷入那个叙述性的空间当中。你可以在镜头和摄影之间设计，通过空间把电影灯光和动作最大化。在"镜

之边缘"游戏中，空间太大了，你只能让过程占据主要地位。在影片末尾我们完整仿造了一个虚拟的电影世界，来预现电影场景和故事脚本。从巨大的、怪物一样的城市，回归到更接近人的尺度，感觉很好玩。

现在你和你的公司 Modified State Studios，在探索更小的推测性尺度的作品。请你介绍一下。

我在 DICE 工作的时候创立了 Modified State Studios，专注于游戏、电影、动画或虚拟现实中的建筑设计。在"镜之边缘"游戏的反馈中，我重新发现了"案例分析住宅"中那简洁的优雅，这些住宅是由理查德·诺伊特拉（Richard Neutra）等人在 20 世纪 50 年代设计的。居住空间似乎有了故事性和电影的光辉。

举例来说，Iremia 主题空间就是偏远处的单一建筑。我一直对像电影《大白鲨》《异形》《怪形》《太空静悄悄》中那样荒凉偏远的地方很着迷。尽管这个地方充满神秘感，吸引人去探索，但我并不当它是一个游戏空间，而是一个可以休整心灵的浸入式空间，一个适合寻求疗养的人或慢性疾病患者的放松冥想区域。

然而，对我来说最有趣的部分并不是最终的成果，而是我们如何通过虚拟现实创造空间，以及如何将其作为一个创造性的工具来协助设计。

Horizon Research 主题空间
2016 年

Horizon Research 主题空间的室内空间是特别为了向 20 世纪 70 年代的老科幻电影《太空静悄悄》（*Silent Running*）和《飞向太空》（*Solaris*）致敬而设计的。

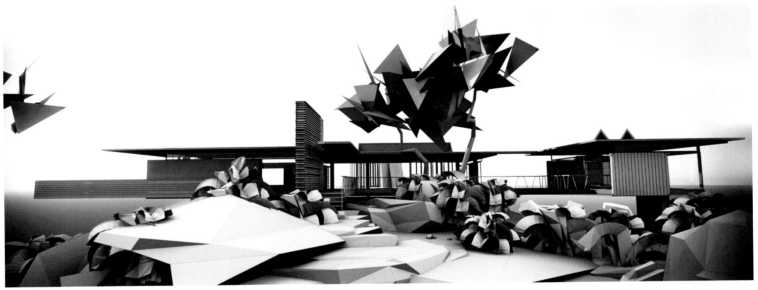

Iremia 主题空间

2016 年

为虚拟现实而设计的 Iremia 和 Horizon Research 主题空间，是寻求平静时刻的一系列叙事性空间的一部分。这些空间似乎很偏远，视觉上与世隔绝，适合冥想。

你的经验是如何影响你的建筑设计手法的？

像 Iremia 主题空间这样的项目根植于建筑语言的梦境。我试着不要做得太过；我以前做的东西比较注重外形，而现在我在往比例、光线、氛围的方向调整，这些都源于我在游戏和电影方面的经历。我想摆脱那种被动的塑形和切削，转而把故事注入环境中。

这或许是建筑设计所缺乏的一点，它不是由浸入感和叙事性驱动的。这些事情是我还在努力探究的，但是它看上去是个很有趣的课题。

www.modifiedstatestudios.com

图 / 尼克 • 列维 /DICE 公司 / 艺电公司

游戏画面截图。

玻璃之城

"镜之边缘"游戏
2016 年

"镜之边缘"是一款第一人称视角的跑酷游戏。在游戏中，玩家扮演一个名叫菲斯•康纳斯（Faith Connors）的角色，在充满未来感的玻璃之城中行进。尼克•列维从零开始设计了整座城市。

概念设计。

"我认为游戏是建筑设计可以狂欢的地方。"

两位日本建筑师的设计作品

栗原健太郎、岩月美穗尝试让他们设计的建筑
更有意义，超越所在地块的限制。

文 / 凯特琳·纽辛克（Cathelijne Nuijsink）

图 / 栗原健太郎

译 / 余燚

从一株植物的角度来看，人为的边界根本不存在。

岩月美穗

像其他建筑师一样，Velocity 建筑工作室的栗原健太郎和岩月美穗也设计建筑，但是他们做的有一点点不同。当大部分同行们在关注实体结构的时候，栗原和岩月却说他们对周边的环境更感兴趣。他们强调，任何建筑场地都是更大的城镇或乡村景观的一部分，因此也是公共空间的一部分。他们主张，哪怕设计私人住宅也是一件公共事务。本书作者凯特琳·纽辛克专程前往冈崎与栗原健太郎会面，拜访了他们近期的作品。

最近你们因为设计了爱知产业大学教育中心获得了 2016 年日本建筑学会奖与 2016 年日本建筑家协会青年建筑师奖。你们也曾因为设计"向城市开敞的住宅"而获得 2016 年日本建筑学会青年建筑师奖。得到这些奖项对你们来说意味着什么？

栗原健太郎：我们渐渐地把兴趣点从"建筑"转移到了"建造建筑时发生的周边关系"上。我

们思考客户、邻居或是经过的路人的生活。同时，我们的设计手法从在建造地块里创造一个小环境，变成了再塑造一个大得多的、围绕地块周边的环境。我们近期的作品都秉持着这一理念，我很高兴我们的设计方法获得了褒奖。

为什么向城市开放对你们来说这么重要？你们不能像 20 世纪 70 年代的日本建筑师一样忽略城市而专注于做空间组合吗？

20 世纪 70 年代是社会问题集中的时期，比如石油危机、经济混乱、环境污染。这些社会问题造成了人们无法相信城市环境的局面。然而，建筑师们相信可以用建筑理论和空间组合来与这样的社会对峙。我认为这样产生的建筑切断了居住者的生活与周边环境，包括邻里生活的联系。今时今日，曾经很多人都认可的"一个国家，一个家庭，一套价值观"的日本模式在逐渐消失，多样化似乎是新的发展方向。在生活方式多样化

的时代，我们相信更重要的是鼓励不被地块边界封闭的居住生活。

你心里的方法论是什么样的？

照法律来说，我们只能在规定的地块边界以内做设计，但是在实际生活中我们经常看不见这些区分不动产范围的线条。环境——风、阳光、气味、动物、植物，是不会遵守法律规定的。这样思考以后，我们就不再设计"一块地上的一个物体"了，而开始设计建筑基地内外之间的关系。植物学家牧雅之曾经教导过我们——从一株植物的角度来看，人为的边界根本不存在。相反，动物们很容易就能在各地繁殖后代，而植物在条件合适的任何地方都能生长。这让我们认识到，环境是一个无边界的、跨越建筑和人为阻碍的空间。

当我们抵达 Velocity 建筑工作室的作品连栋住宅时，身为理发师的住户邀请我们入内，但是因为忙于招待客人而无法陪同。于是我们得以自行参观这幢住宅并在庭院中自由行走。

这幢住宅位于一个典型的日本居住区中。住户是不是像这个美发沙龙的主人一样典型呢？

我们的客户曾经是我们 2009 年完成的一个项目，万宝龙住宅中的美发沙龙的店面经理。当决定自己开店时，他希望可以和他的家人（妻子和孩子）居住和生活在同一块场地上。但是他也意识到如果住宅过于靠近他的工作场所，他将无法集中精力工作。因此，我们决定用一条穿越场地、两旁有树的小径将住宅与美发沙龙分隔开来。

你们设计了许多不同的方盒子来回应项目要求。将所有的功能分置在独立的房间里有其他什么好处吗？

庭院空间和室内房间以相似的尺度不断重复，以创造一种新的分离的建筑形式，而各个环境之间互相融合。这样使得私人住宅和工作场所之间有一种亲近感，而同时也能保持距离感。

尽管感觉是不一样的，我还是忍不住联想起西泽立卫 2005 年设计的森山邸。他这个具有开创性的作品是如何启发你的？

我们对西泽立卫的作品，包括他与妹岛和世合作的那些项目都非常尊敬。森山邸为我们展现了一个吸引人的环境——就像一个小镇一样，在其中以打破住宅成小单元的方式将室内和室外相互融合。连栋住宅在某些方面试图创造与之类似的环境，但是从室内一系列既有联系又保持各自

独立的空间组成来说，又有所不同。每一个房间都非常小，平均面积只有 4.6 平方米。而且，我们的设计方法考虑了分离的建筑如何在局部联系起来。在某些部分，庭院和内部空间以相似的尺度反复重现，以创造一种分离的建筑形式；在其他部分，却是一个单一的大房间。这种内部和外部空间的重复，给人一种更大空间的感觉。

"对外的开放性"似乎有种双重含义。既是指客户向外界开放的生活方式，也是指为街道后面的邻里改进了生活条件，为他们自己的庭院提供更多光线。为什么你们认为作为建筑师的任务是要处理客户及其邻里的需求？

我们认为客户与他们的周边保持良好关系很重要。如果你能为周边的住宅和住户创造一个良好的环境，那么也就为设计项目的住宅本身创造了更好的环境。在这个项目中，客户也要求为周边环境提供积极的影响。所以当决定庭院地点、建筑范围、建筑大小和开窗时，我们总是把客户的需求和对社区可能的影响考虑进去。

在爱知产业大学教育中心吃过午饭后，我们直接驾车到了位于小针的六个屋顶住宅，一幢一层的独户住宅，面向一片开敞的稻田景观。

令我吃惊的是你把这个家居空间放在 6 个屋顶下面，而不是一整个大的。这样的方案对居住质量有什么影响呢？

做一整个大屋顶意味着减少室内和室外空间之间的联系。如果像我们做的这样，把数个屋顶像一排大雁一样排在一起，室内外就会变得相互依存。每一个屋顶都有一个扭曲的表面，就像双曲抛物面一样，并且互相遮盖。屋顶之间的间隔使得风和光能进入住宅，同时将室内空间与自然融合。

为什么对屋顶这么在意？

在我们的项目中，我们将"体量建筑"与"屋顶建筑"区分开来。体量建筑通过明确地区分室内与室外空间而将二者组合在一起。而就空间而言，屋顶建筑通过创造屋檐下的过渡空间，以一种柔和的方式将室内外联系起来。就像在日本传统建筑的屋顶设计中，尝试在庭院和内部空间之间创造一种连续性一样，在我们的词汇里，屋顶是一个可以创造半室外空间来柔滑室内外界限的设计元素。

在住户的陪伴下充分感受了室内的气氛并享用茶点后，我们离开并启程去了 Velocity 建筑工

作室的作品"向城市开敞的住宅"。到达的时候，住户之一，山下秀树，与他的狗一起，在房前的一张折椅上等着我们。庭院里满是创造嬉皮社区气氛的物品，比如再利用的浴室洗手池、铲子、秋千和外墙上的画作等。

这幢住宅的入住率似乎是这个项目成功的体现。这幢房子现在的状况是如何反映住户的生活方式的？

山下秀树曾经住在东京，为一家活动策划公司工作。尽管现在已经不在那儿工作了，他仍然喜欢邀请人们来家里，组织一些活动，比如派对或展览。我们经常拜访这幢住宅，总是能碰到来访者。

你们为什么设计由纤弱的桥联系起来的两个分开的建筑体量，而不是普通的"带有前院的住宅"？

把建筑分开成两半的话，两处室内空间都能与它们之间的庭院产生联系。这个地块的前后原本有一米的高差。利用坡度和建筑体之间的悬桥，你可以立体地感受整个庭院和建筑。

这个项目是几年前完成的。你会认为时间对它造成的变化促成了一个更好的居住环境吗？

每次拜访这座住宅，我都能看见新的家具、用品、植物和靠路边的建筑，以及花园里的新装饰。这使得室内生活、庭院及街道上的活动持续不断。从另一方面来说，当客户在花园里工作时，总是自然而然地有周边的邻居与他们交谈。对我们所说的"向外部开放的建筑"，这是一个好的例证。

studiovelocity.jp

栗原健太郎

这些住宅是一组互相连接、高矮不一的白色方盒子。

连栋住宅

日本，爱知，冈崎
2016 年

　　这个房子包括了一间叫作 Nino 的美发沙龙，以及一个家庭住宅。一条步道从住宅和美发沙龙的对角穿过，与一座公交车站一起融入基地当中。这个建筑包括了 26 座连接起来的小房子，每座都由 4 根木质角柱限定，角柱的截面尺寸为 90 mm × 90 mm。这 26 座房子组合成 8 组，结合了不同的功能，比如卧室与衣帽间、厨房与餐厅。承重墙就设在各组之间。

美发沙龙的入口直接面对街道。

木结构使得起居室有一种温暖的氛围。

一个面向主要街道的公交车站与建筑融合在一起。

美发沙龙和住宅的构造使用了一种传统的木质梁柱结构。

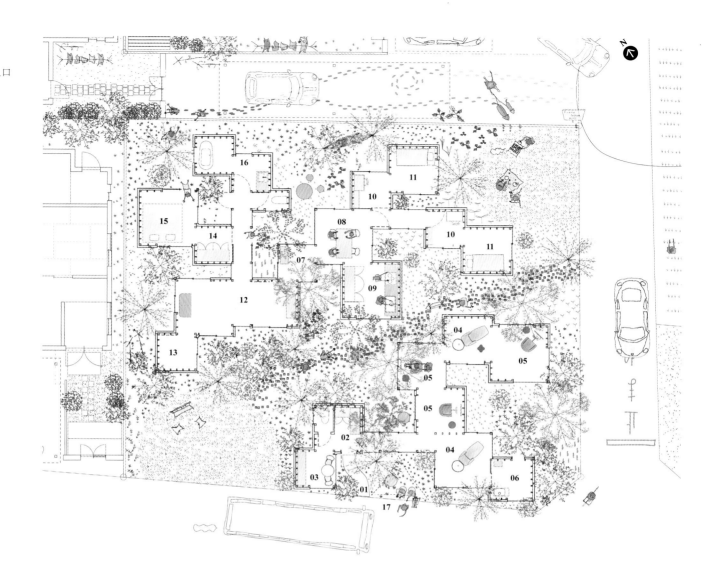

"风、阳光、气味、动物、植物，是不会遵守法律规定的边界的。"

理发时，理发师的客人们面对着花园。

六个屋顶住宅

日本，爱知，小针
2016 年

六个屋顶住宅是为一对夫妻和他们的孩子设计的。这 6 个相互遮盖的屋顶有轻微的扭曲，最高的居中，较矮的在两侧。窗户引入光线和新鲜空气。各个屋顶都有宽阔的屋檐，成为屋内和屋外的过渡空间。

项目位于小针的一角。

六个屋顶住宅周边都是典型的日本本式住宅。

通向主入口的小径位于两个建筑体之间。

木结构可以开大玻璃窗。

平面

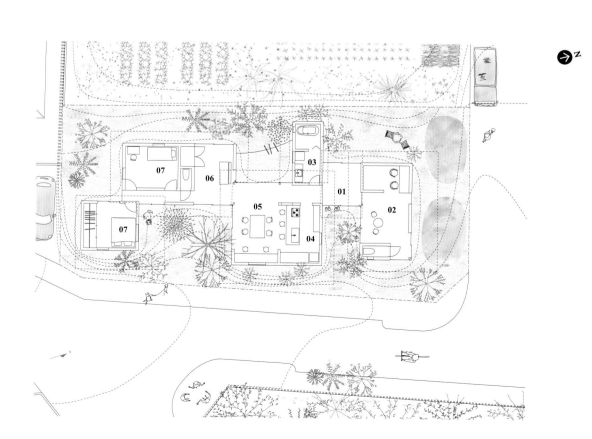

厨房和餐厅面向街道。

纵剖面

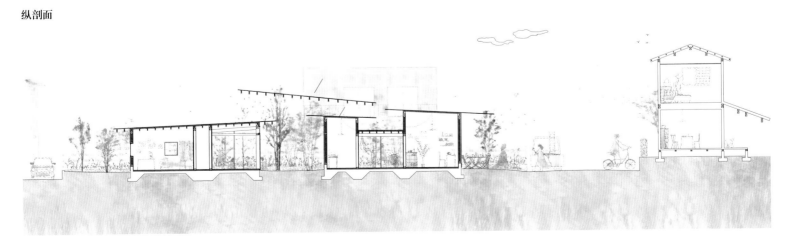

面向街道的玻璃盒子，可以用作派对或展览等活动的举办场所。

向城市开敞的住宅

日本，爱知，名古屋
2013 年

　　这座住宅包括两个部分：一个透明的两层房子临街而建，一个三层的建筑体在基地后侧，三边都被其他建筑包围。这就在地块中心留下了一个庭院。透明的房子可以用作活动空间，而住宅中更私密的部分坐落于后方。两座房子的各层都以跨过庭院的坡道相连。

弯曲的坡道跨越整个庭院。

再利用的物品让这个庭院看上去像个嬉皮社区。

活动空间里有一个派对用的小食品储存间。

私家厨房在场地后方的房子的首层。

+2

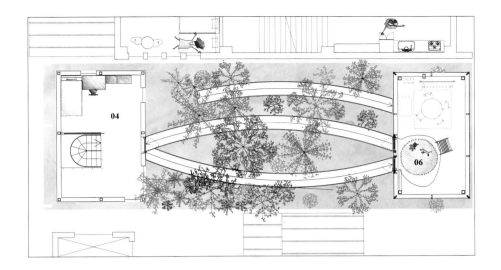

+1

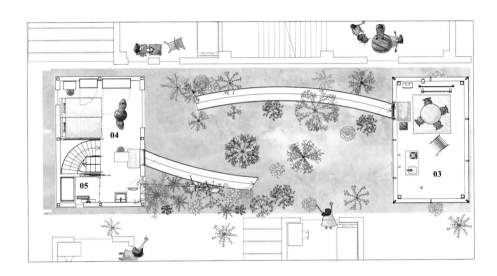

0

01 庭院
02 厨房
03 起居室 / 活动空间
04 卧室
05 卫生间
06 阁楼

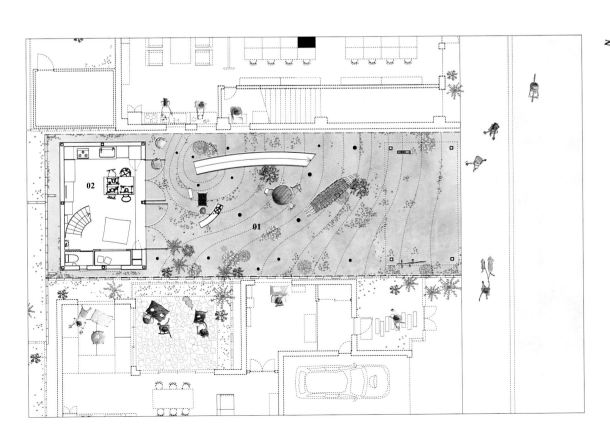

开放式住宅

Narch 建筑工作室在卡尔德斯的住宅,
证明了建筑学思维可以使建筑更经济。

文 / 拉斐尔·戈麦斯 - 莫里安那〔Rafael Gómez-Moriana〕
图 / 阿德里亚·高拉〔Adrià Goula〕
译 / 余燚

这座住宅基本上就是一个四方加长的 S 形混凝土框架。

　　建造这座引人注目的住宅每平方米仅花费了 900 欧元。应当承认的是，在一篇评论的第一句话就提建筑造价对一些读者来说也许太没水平了，但是实际上以极其有限的预算成功地建造一座建筑，比以宽裕的预算建造只有少数人负担得起的房子，需要更多的创造力和技术知识。为了这个委托项目，位于巴塞罗那、由建筑师胡安·拉蒙·帕斯奎兹（Joan Ramon Pascuets）和莫妮卡·莫赛特（Mónica Mosset）领导的 Narch 建筑工作室，必须要做到"以少做多"，不然这个项目就会超出他们的客户——一对育有两个孩子的工薪阶层夫妻的经济能力范围。使建筑更经济，是让它更有包容性、更易获取最直接有效的方式；就像这座住宅一样，打开大门，面向更开阔的公共空间。

　　打开大门，不仅是比喻意义也是字面意义，就是这座住宅设计的要义。建筑设计的首要目标是建一所让户外进入、内外相通的房子。建筑师把这座住宅比作一辆大众露营车：一个紧凑、高效设计的室内空间，由于可以打开、扩展，能与室外的自然环境结合起来使用、享受。

　　在资源有限且在地中海气候条件下，这样的目标很明智。位于加泰罗尼亚的内陆乡村卡尔德斯的边缘，距离巴塞罗那北部约一个小时的车程，这座两层住宅从一小片丘陵上的郊区俯瞰前景中的梯田，远眺圣罗伦斯国家公园的山峰。这座房子较高的那层，包括一个入口门厅、一间书房和可以停一辆汽车的凉亭，标高与街道一致，而较低的那层是与花园连通的家庭空间。

　　就像更重要的背立面所示，这座住宅基本上就是一个四方加长的 S 形混凝土框架。3 块水平板由纤细的钢柱形成的结构网格支撑，它限定了建筑中不同的空间。这个 S 形的混凝土框架或是在凉亭保持对外开敞，或是由各种不同类型的滑门盖住。房子的前部只有一层楼高，装了一个大大的谷仓门（在当中开有一个仅容一人通过的小门），将住宅上一层的凉亭兼车库向街道开放；而一边，尤其是住宅的背立面，以长的伸缩式推拉门为主，使室内向花园和远处的景观敞开。当两层楼高的起居室外角的两套推拉门同时打开时，这个室内空间就完全转变成了有顶的室外空间。为了把开放的感觉最大化，结构柱置于与背立面有一定距离的位置，要求上面的混凝土板悬臂达到 3 米。

　　可扩展的伸缩式推拉门和 3 米的悬臂当然不便宜。为了满足有限的预算要求，优先考虑的是哪里可以花钱，尤其是哪里可以不花钱。比如，饰面材料就被省去了，取代的做法是将建筑内外的原结构直接暴露在外。还有，混凝土墙和楼板的浇筑，都是用最便宜最普通的木模板而非酚醛胶合板。直接暴露的粗糙混凝土使这座住宅有一种工业味道的朴实感，跟周边住宅那些典型的柔和的灰泥饰面比起来，与附近的农业建筑要更相符。以相似的风格，这座住宅的混凝土地板也只是简单抛光而不是用硬木或瓷砖盖起来，而且标准尺寸的嵌入式储存单元都是用只上清漆的工业胶合板做的。

　　这座建筑的"奢侈"之处很明显不在材料或工艺上，而在于外部光线、

扶手上的织网强调了这座建筑开放和通透的特点。

"建筑师把这座住宅比作一辆大众露营车。"

建筑师的目标是通过一系列玻璃推拉门，
创造一个与环境相通的居住空间。

**"也许有一天人们会把建筑设计与
经济的方式联系起来。"**

这座 240 平方米的房子里几乎没有墙。将卧室和
起居区域分开的是帘子。

空气、景色能渗入室内的程度及住户能享受自然的机会。
这肯定不是人人认同的奢侈的概念。而这座住宅的主人
解释说，一开始在设计和建造的过程中，就连酷爱远足
和山地自行车的他们都对居住在这样一个"未完工"的
房子里持保留意见，更不要说客人们。客人们一开始在
进门时都很吃惊，但是在里面待一段时间后，就会为这

混凝土地面只是做简单的抛光处理，
没有铺地砖。

0

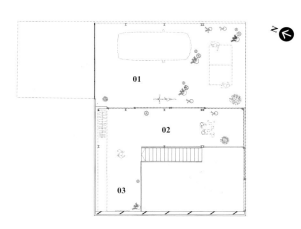

-1

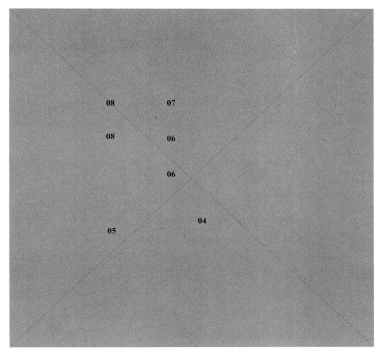

横剖面

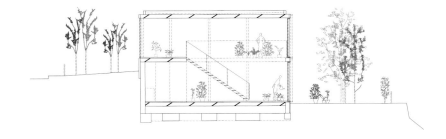

座住宅的建筑设计所能提供的愉悦而感到"惊讶"。在建筑中，许多人对材料质地的感受经常受空间的影响，更不必说对自然光线或建筑空间所赋予的人际关系的感知。只有长时间的居住体验，建筑的这种非物质性的特质才能被慢慢感知并欣赏；在短暂地访问展览馆等公共建筑时，某种体验并不总是能被感知。建筑设计必须投入时间和精力，而现在设计的成分已经变得越来越少，对那些经济拮据的人们尤其如此。

而在这座建筑里时间和精力是投入最多的，就是为了达到最高的性价比。不幸的是，绝大多数人对建筑设计的理解是，设计费用比较贵，而且只为富人服务。随着更多这样的作品出现，也许有一天人们会把建筑设计与经济的方式联系起来。也许这样的话人们甚至会愿意为建筑师的服务多付一点费用。
narch.eu

活动房屋案例研究

德波拉·梅萨（Débora Mesa）和安东·加西亚 - 阿布利尔
（Antón García-Abril）用泡沫塑料、镀锌钢骨架、水泥板为
自己建造了一座住宅。

文 / 戴维·科恩（David Cohn）
图 / 罗兰德·哈尔博（Roland Halbe）
译 / 余燚

二层的起居室宽敞到可以放下一张乒乓球桌。

蛮石住宅是一座同时用于工作和生活的 loft，由西班牙建筑师德波拉·梅萨和安东·加西亚 - 阿布利尔与他们的三个孩子居住。这座住宅建于马萨诸塞州布鲁克林原来的一处库房基地上，同时也是夫妇二人在 POPLab 研究室开发出来的全新的预制建筑系统的首个原型；这个研究室是他们于 2013 年在麻省理工学院创立的，在他们的建筑实践中名为 Ensamble 建筑工作室。

这个系统的关键是大量加宽的、高密度的聚苯乙烯泡沫板，又称保丽龙板，高达 2.4 米，长达 12 米，整个预制构件的核心就是它。建筑师将泡沫制成不同的型材，包括 I 形、L 形、C 形等。用一种镀锌钢材质的外骨架加强，最后用双层 6 毫米厚的水泥板作为饰面。

这个实验的出发点源自他们对开发"特轻"的预制系统的兴趣，"不需要增加大型的体积，却可以提供可靠和坚固的建构质量，"安东解释道，

"我们想切断体积和重量间的原有联系。大部分结构都在与自身的恒荷载做斗争，都忽略了活荷载。"

"我们开始研究能提供大量空间但无须添加大量体积的材料，它要有良好的力学性能，而且易加工。泡沫基本上自重很轻，却有很多理想的性能，包括很好的热工和声学性能，以及弹性。就像液体一样，受压时这种材料的表现非常好。"

为了增强保利龙板的抗拉和抗扭性能，他们添加了 2 毫米厚的镀锌钢骨架，"几乎就像纵向的订书针一样与泡沫所受压力一致"，安东说。水泥板也能提供一定强度，它很坚固，且能防火。结果是形成了"一种复合材料，就像预应力混凝土一样"，适合做低造价的预制系统。

建筑师预见了整个系统机械化时泡沫材料需要模塑。为了这第一所住宅，

他们花了一个夏天在马德里与一个建筑师团队及实习生一起人工制作，然后用了6个集装箱把材料运到了波士顿。

在设计这座房子时，他们利用型材的凸缘，制作了嵌入式的座位、储物空间、橱柜及浴室。"这些单元已经把所有东西都嵌入进去了，"安东说，"甚至窗户也是，我们用丙烯酸塑料代替了玻璃。"德波拉形容卫生间"像一艘小船一样嵌进了墙体里，因此要从淋浴间进入。"

在现场，他们只用了一台小起重机在7天内就把房子组装完毕了——没有任何一个构件的重量超过700千克，而且大部分构件都不到500千克重。他们将每根梁放到两个钢骨架圈之间，钢骨架圈把构件联系在一起，并且将荷载传递到已有的首层墙上。

整个过程受到了一些来自现场情况的阻碍。"又花了4个月才把管道安装和通电完成。"德波拉回忆说，这包括了供暖系统。"而且这部分的花费是房子其余部分的两倍。"安东补充道。将这个项目的用地性质申请变更为住宅用地居然花了两年时间，而这期间全家就住在之前的车库里。没有哪个当地建筑师愿意作为登记建筑师签署这个项目的建造文件，但是最终这对夫妇找到了一位开明的结构工程师。而且通过一个西班牙海鲜饭露天派对争取到了邻居们的支持。

他们把现有的较低楼层改成了儿童房和客房，并且用防蚊虫的帐子把原来裸露的煤渣砖外墙盖住，再加上第二层镀锌金属丝网栏杆来让爬藤植物生长。"我们决定不刻意种植植物了，看看会发生什么。"安东说。

> "卫生间嵌进了墙体里，
> 因此要从淋浴间进入。"

一段通向屋顶平台的楼梯。

卫生间位于墙之间的间隙内。

墨菲隐壁床可以折叠隐藏起来，而厨房也可以由滑门遮盖起来。

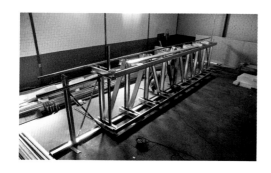

建筑在西班牙的巴尔德莫罗预制。

一座现有的车库被合并进了新的住宅。

"我们想切断体积和重量间的原有联系。"

建筑在美国马萨诸塞州布鲁克林组装。

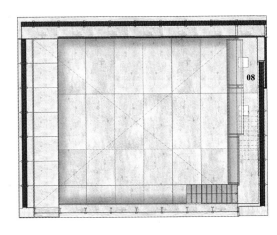

这座两层楼高的 loft 有 100 平方米的灵活空间，其中有一张可折叠的特大双人床。正中是一扇比树顶还高的长窗，四角和背立面上则是小窗。房间是由 3 层堆叠在一起的预制梁建造的，"像一个巨大的原木屋。"安东说。只有房梁没有用保利龙板——它们太窄了，而且房间没有隔热要求。角窗的设计来源于解决凸缘 90°相交的需要。"空间四角开放时很漂亮。"他补充说。可以上人的屋顶上做了人造草皮，利用的是一种常见的用在预制板上的防水系统。

室内的镀锌钢骨架从很多方面看上去都像传统的木质镶边，让人联想起日本的嵌板墙，安东指出，或许也可以说是弗兰克·劳埃德·赖特（Frank Lloyd Wright）的草原住宅——尽管把梁的堆叠比例刻意弄得更难看。这些参考与预制单元的关键概念是一致的，只不过后者用了传统的美国轻捷骨架构造材料的现代版本。"我们的技术基本上算是平淡无奇，"安东指出，"这就是一般隔墙会用到的组合，但是这个预制系统是根据结构设计制造的，是为了做出更厚的墙、更大的跨度，并添加其他材料层来实现更好的效果。"

他对未加装饰的水泥板的质感特别满意。"非常光滑，是我见过最好的。看上去像石灰华一样神秘又昂贵。我们很看重这一点。于是着意利用这种材料。我们喜欢将这种平庸的几乎总是被隐藏起来的材料进行转变。"

安东认为他们这个预制系统是美国和欧洲各国建造概念的混合产物，介于轻捷骨架构造和实墙之间。"将理查德·迈耶（Richard Meier）和瓦尔多·苏托·德·莫拉（Eduardo Souto de Moura）的建筑相比的话，"他又说，"有一种重量的差别。欧洲的建筑主要是一种统一连续体，坚实、稳固。我们把这两种传统结合到一起，希望能兼得二者的长处。预制，但不是以小构件为主。轻，但是不薄。实且厚，建造墙而非框架。"

德波拉和安东目前正在探索如何将这种系统应用于中层和高层集合住宅。他们正在开发中空的预制构件，可以在现场填充混凝土，用于建造高达 200 米的建筑。他们的试验加上将自己的住宅作为主要的展示模型，引起了开发商的兴趣。安东接着说，他们这次探索的"秘密武器"是"我们是建筑师，但我们也是建造者。我们知道如何建造。一些学生以为建筑师就是一个数字化的人形机器。但是建筑师需要很多设计作品的经历，才能将大脑改装到富有创造力的状态。"

ensamble.info

+1

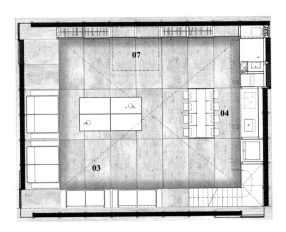

0

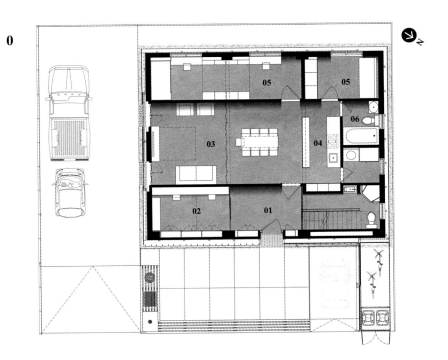

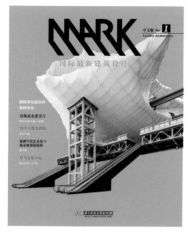

MARK 国际最新建筑设计 No.1

《MARK 国际最新建筑设计》是全球最知名的建筑专业书刊之一，与全球最著名的建筑师、事务所、建筑院校等保持着良好的合作关系，是建筑师、设计师的核心专业媒介，是国际新建筑的平台与载体。MARK 以全球顶尖的建筑设计与创新趋势为导向，是国际最新建筑设计的"风向标"，融合了著名建筑师掷地有声的作品、新锐建筑师的前卫作品及开拓者的实验性作品。MARK 在建筑设计的案例表现与建筑师的思想表达方面，表现出无与伦比的专业能力与选择能力。

　　MARK 总部位于荷兰，在世界范围发行。2017 年，由华中科技大学出版社正式出版中文版。中文版的出版，对中国建筑师了解国际最新建筑设计的动态具有重要意义。

基本信息：

出版周期：一年六期　　　　　　　　　纸张：128g 哑粉

开本：16K（297 mm×230 mm）　　　　印刷：四色

装帧：平装　　　　　　　　　　　　　定价：98.00 元

世界城镇化建设理论与技术译丛

　　响应国家新型城镇化规划，围绕可持续发展、智慧城市建设、人口老龄化社区设计、海绵城市设计等社会热点话题，华中科技大学出版社隆重推出"世界城镇化建设理论与技术译丛"。该译丛以反映世界城镇化建设理论、经验和规律为宗旨，引进和传播世界城镇化建设先进的理论和技术。它的出版对于我国城镇化建设的健康发展、建设美丽城市具有重要意义。该丛书已被列为"十二五"国家重点图书出版规划项目。

丛书主编　　彭一刚　　中国科学院院士，天津大学教授，博士生导师
　　　　　　郑时龄　　中国科学院院士，同济大学教授，博士生导师

纽约滨水区雨洪规划 | 美国城市规划：政策、问题与过程

洛杉矶基础设施的生态网络 | 伦敦城市构型形成与发展（第二版）

新城市规划艺术 | 智慧城市的演化：管理、模型与分析

城市转型设计 | 新型城市郊区化

城市世界 | 社会城市：再造21世纪花园城市

基础设施城市化 | 中小城镇规划

骚动的城市：迁移与定居 | 无法统驭的城市：秩序与失序

城市设计技术与方法 | 城市设计及英国城市复兴

老龄化宜居社区设计 | 古迹维护原则与实务